中国工程建设标准化发展研究报告（2021）

住房和城乡建设部标准定额研究所　编著

中国建筑工业出版社

图书在版编目（CIP）数据

中国工程建设标准化发展研究报告. 2021 / 住房和城乡建设部标准定额研究所编著. —北京：中国建筑工业出版社，2022.5

ISBN 978-7-112-27296-9

Ⅰ. ①中… Ⅱ. ①住… Ⅲ. ①建筑工程—标准化—研究报告—中国—2021 Ⅳ. ①TU-65

中国版本图书馆 CIP 数据核字(2022)第 060323 号

责任编辑：石枫华
文字编辑：刘诗楠
责任校对：李美娜

中国工程建设标准化发展研究报告 （2021）
住房和城乡建设部标准定额研究所　编著

*

中国建筑工业出版社出版、发行（北京海淀三里河路9号）
各地新华书店、建筑书店经销
北京红光制版公司制版
北京建筑工业印刷厂印刷

*

开本：787 毫米×1092 毫米　1/16　印张：11¾　字数：290 千字
2022 年 6 月第一版　2022 年 6 月第一次印刷
定价：**48.00** 元
ISBN 978-7-112-27296-9
（39168）

报告编写委员会成员名单

主 任 委 员：姚天玮

副主任委员：胡传海　施　鹏　李大伟

委　　　员：毛　凯　展　磊　赵　霞　刘　彬　韩　松　倪知之

曲　径　张　宏　姚　涛　程小珂　孙　智　张惠锋

毕敏娜　周京京　刘　珣　王兴国　张祥彤　周丽波

杜宝强　徐广超　葛春玉　荣世立　朱瑞军　缪　晡

吴玉霞　闫　平　李永玲　林　冉　杜　鹃　李　婷

谢　犁　刘丽林　董　辉　师　生　许　奇　张林钊

张少红　王凤英　公尚彦　姚　远　韦伯军　江　冰

洪鹏云　周云丽　袁庆华　郑玉洁　肖斌斌　郭虹燕

陈佳佳　齐红令　马雅丽　张　弛　陈建平　李长缨

姜　波　荣雅静　宋　婕

前　　言

2020年，是全面建成小康社会和"十三五"规划收官之年，是谋划"十四五"规划的关键之年，也是提升标准化治理效能之年。一年来，工程建设标准化工作以习近平新时代中国特色社会主义思想为指导，深入贯彻习近平总书记关于住房和城乡建设工作及标准化工作的重要指示批示精神，紧紧围绕《深化标准化工作改革方案》（国发〔2015〕13号）目标任务，以及住房和城乡建设领域中心工作，不断推动工程建设标准化改革发展，推进强制性工程建设规范编制，加快完善国际化的工程建设标准体系，工程建设标准深化改革成果显著。

《中国工程建设标准化发展研究报告》是以中国工程建设标准化发展的数据、事件以及相关研究成果为基础，系统全面地反映工程建设标准化的发展历程、现状及分析未来发展趋势的系列年度报告，旨在推动中国工程建设标准化发展，为宏观管理和决策提供支持。

本年度报告共六章。第一章结合数据分析了中国工程建设标准数量情况和工程建设国家标准发展现状。第二章从工程建设行业标准数量、机构建设与管理制度、行业标准编制、行业标准国际化、信息化建设等方面，介绍了截至2020年中国部分行业工程建设标准化发展状况。第三章从工程建设地方标准数量、管理机构与管理制度、地方标准编制、地方标准研究与改革、地方标准国际化、信息化建设等方面，介绍了截至2020年中国部分地方工程建设标准化发展状况。第四章从社团基本情况、工程建设团体标准数量、团体标准国际化、工作问题及解决措施、改革与发展建议等方面，介绍了截至2020年中国部分团体工程建设标准化发展状况。第五章介绍了强制性工程建设规范结构部分的专题研究情况，并选取工程建设标准化典型案例进行分析。第六章介绍了工程建设标准化"十四五"时期发展方向、改革要求、亟待解决的问题和改革措施。

在此，对所有支持和帮助本项研究的领导、专家、学者及有关人员表示诚挚的谢意。

本报告由赵霞、倪知之、曲径、毛凯统稿，由于时间和资料所限，报告中难免有疏忽或不妥之处，衷心希望读者提出宝贵意见，以便在今后的报告中不断改进和完善。

本报告编委会

目　　录

第一章

国家工程建设标准化发展状况

一、工程建设标准数量情况

截至 2020 年底，中国现行工程建设标准共有 10456 项。其中，工程建设国家标准 1346 项，工程建设行业标准 4086 项，工程建设地方标准 5024 项。

2016～2020 年工程建设国家标准、行业标准、地方标准的数量及发展趋势如表 1-1 和图 1-1 所示。

2016～2020 年工程建设国家标准、行业标准、地方标准的数量　　表 1-1

年度	国家标准		行业标准		地方标准		总数 (项)
	数量 (项)	比例 (%)	数量 (项)	比例 (%)	数量 (项)	比例 (%)	
2016	1143	14.50	3634	46.10	3107	39.40	7884
2017	1218	13.82	3858	43.78	3737	42.40	8813
2018	1252	13.64	3832	41.74	4097	44.65	9181
2019	1324	13.35	4000	40.34	4592	46.31	9916
2020	1346	12.87	4086	38.08	5024	48.05	10456

注：表格中数据统计时以批准发布日期为准。

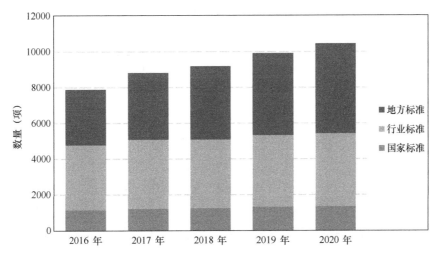

图 1-1　2016～2020 年工程建设国家标准、行业标准、地方标准数量

二、工程建设国家标准发展现状

（一）强制性工程建设规范和工程建设国家标准计划情况

2011～2020 年，住房和城乡建设部每年下达工程建设国家标准制修订数量如图 1-2 所示。自 2017 年起，强制性工程建设规范研编工作开始列入住房和城乡建设部年度制修订工作计划。2020 年，住房和城乡建设部下达了 138 项国家工程建设规范和标准编制计划，其中，国家工程建设规范研编 33 项、工程建设国家标准 105 项，除此之外，还下达了工程建设标准翻译项目（中译英）8 项（国际标准 1 项）。

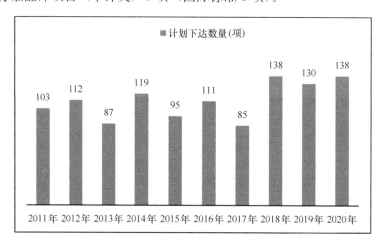

图 1-2　2011～2020 年工程建设国家规范和标准计划下达情况

（二）工程建设国家标准批准发布情况

2011～2020 年发布的工程建设国家标准数量见图 1-3。

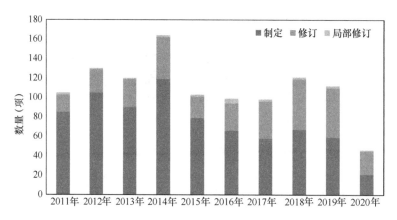

图 1-3　2011～2020 年发布的工程建设国家标准数量

2020 年批准发布工程建设国家标准 46 项，按行业分布情况如表 1-2 所示，其中发布数量最多的行业是有色金属工程。截至 2020 年底，标准按行业分布情况如图 1-4 所示。

2020 年发布的工程建设国家标准按行业分布情况　　　　　　　　　表 1-2

序号	行业	制定（项）	修订（项）	总数（项）
1	城乡建设	1	8	9
2	石油天然气工程	0	1	1
3	石油化工工程	0	1	1
4	化工工程	1	0	1
5	水利工程	0	3	3
6	有色金属工程	6	2	8
7	电子工程	2	1	3
8	煤炭工程	0	5	5
9	兵器工程	1	0	1
10	电力工程	3	1	4
11	纺织工程	0	1	1
12	机械工程	0	1	1
13	通信工程	6	0	6
14	林业工程	1	0	1
15	航空工程	0	1	1
	总计	21	25	46

注：1　数据统计时以住房和城乡建设部公告为准；
　　2　修订包括全面修订和局部修订。

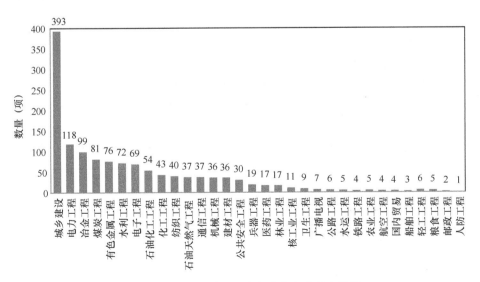

图 1-4　现行工程建设国家标准按行业分布情况

（三）现行工程建设国家标准数量情况

从图1-4可以看出，现行工程建设国家标准涉及的32个行业中，城乡建设领域的国家标准数量最多，共有393项，占工程建设国家标准总数的30%。其次是电力工程的国家标准118项，占比8.9%。

（四）强制性工程建设规范研编情况

自2016年起，住房和城乡建设部下达了城乡建设、石油天然气工程、石油化工工程、化工工程、水利工程、有色金属工程、冶金工程、建材工程、电子工程、医药工程、农业工程、煤炭工程、兵器工程、电力工程、纺织工程、广播电视工程、海洋工程、机械工程、交通运输工程（水运）、粮食工程、林业工程、民航工程、民政工程、轻工业工程、体育工程、通信工程、卫生工程、文化工程、邮政工程、公共安全、教育工程、人防工程、测绘工程共33个工程建设领域强制性标准体系研编计划。

工程建设规范的起草分为研编和正式编制两个阶段，根据住房和城乡建设部每年下达的《工程建设规范和标准编制及相关工作计划》，表1-3统计了各行业强制性工程建设规范研编和编制计划数量情况。截至2020年底，《城市给水工程项目规范》等38项城乡建设领域强制性工程建设规范均已完成编制阶段报批工作，待批准发布；电子工程、石油化工工程、化工工程、水利工程、冶金工程、有色金属工程、纺织工程、通信工程、邮政工程、石化、广电工程、石油工程、煤炭工程、电力工程等行业已完成本行业的强制性工程建设规范研编阶段的工作，并申请开展强制性工程建设规范的正式编制工作。

强制性工程建设规范研编和编制计划数量情况（截至2020年底） 表1-3

序号	行业	项目规范（项）	通用规范（项）	合计（项）
1	城乡建设	13	25	38
2	石油天然气工程	6	3	9
3	石油化工工程	4	2	6
4	化工工程	4	3	7
5	水利工程	4	1	5
6	有色金属工程	8	2	10
7	冶金工程	9	6	15
8	建材工程	6	0	6
9	电子工程	6	5	11
10	医药工程	3	2	5
11	农业工程	8	0	8
12	煤炭工程	5	5	10
13	兵器工程	5	3	8
14	电力工程	8	3	11
15	纺织工程	6	0	6
16	广播电视工程	2	0	2

续表

序号	行业	项目规范（项）	通用规范（项）	合计（项）
17	海洋工程	0	2	2
18	机械工程	0	1	1
19	交通运输工程（水运）	0	5	5
20	粮食工程	3	1	4
21	林业工程	8	1	9
22	民航工程	1	0	1
23	民政工程	2	0	2
24	轻工业工程	11	1	12
25	体育工程	1	0	1
26	通信工程	3	0	3
27	卫生工程	2	0	2
28	文化工程	1	0	1
29	邮政工程	2	0	2
30	公共安全工程	0	2	2
31	教育工程	4	0	4
32	人防工程	1	0	1
33	测绘工程	0	1	1
	合计	136	74	210

1. 城乡建设

根据国家标准化工作改革要求，按照住房和城乡建设部强制性工程建设规范编制工作的总体部署，城乡建设领域深入开展强制性工程建设规范的编制工作，2020年进一步加强了编制管理，紧紧围绕住房城乡建设部中心工作，突出结果导向和国际化需求。在规范编制中强化了国际规范的研究，开展关键问题论证，体现了国家相关法律法规、政策和改革的要求。在满足标准化改革方案要求的基础上，进一步完善城乡建设领域的工程建设规范体系，详见表1-4。

城乡建设领域强制性工程建设规范工作情况（截至2020年底）　表1-4

序号	规范名称	规范类型（通用规范/项目规范）	立项时间	工作进度	
				研编阶段（启动、中期评估、验收）	编制阶段（启动、征求意见、审查、报批）
1	城乡给水工程项目规范	项目规范	2019	验收	报批
2	城乡排水工程项目规范	项目规范	2019	验收	报批
3	燃气工程项目规范	项目规范	2019	验收	报批
4	供热工程项目规范	项目规范	2019	验收	报批
5	城市道路交通工程项目规范	项目规范	2019	验收	报批

序号	规范名称	规范类型(通用规范/项目规范)	立项时间	研编阶段(启动、中期评估、验收)	编制阶段(启动、征求意见、审查、报批)
6	城市轨道交通工程项目规范	项目规范	2019	验收	报批
7	园林绿化工程项目规范	项目规范	2019	验收	报批
8	市容环卫工程项目规范	项目规范	2019	验收	报批
9	生活垃圾处理处置工程项目规范	项目规范	2019	验收	报批
10	住宅项目规范	项目规范	2019	验收	报批
11	非住宅类居住建筑项目规范	项目规范	2019	验收	报批
12	特殊设施项目规范	项目规范	2019	验收	报批
13	历史保护地保护利用项目规范	项目规范	2019	验收	报批
14	民用建筑通用规范	通用规范	2019	验收	报批
15	工程勘察通用规范	通用规范	2019	验收	报批
16	工程测量通用规范	通用规范	2019	验收	报批
17	建筑与市政地基基础通用规范	通用规范	2019	验收	报批
18	工程结构通用规范	通用规范	2019	验收	报批
19	混凝土结构通用规范	通用规范	2019	验收	报批
20	砌体结构通用规范	通用规范	2019	验收	报批
21	钢结构通用规范	通用规范	2019	验收	报批
22	木结构通用规范	通用规范	2019	验收	报批
23	组合结构通用规范	通用规范	2019	验收	报批
24	建筑环境通用规范	通用规范	2019	验收	报批
25	建筑节能与可再生能源利用通用规范	通用规范	2019	验收	报批
26	建筑电气与智能化通用规范	通用规范	2019	验收	报批
27	建筑给水排水与节水通用规范	通用规范	2019	验收	报批
28	建筑与市政工程施工质量控制通用规范	通用规范	2019	验收	报批
29	建筑与市政施工现场安全卫生与职业健康通用规范	通用规范	2019	验收	报批
30	施工脚手架通用规范	通用规范	2019	验收	报批
31	建筑防火通用规范	通用规范	2019	验收	报批
32	建筑消防设施通用规范	通用规范	2019	验收	报批
33	建筑与市政工程防水通用规范	通用规范	2019	验收	报批
34	建筑安全防范通用规范	通用规范	2019	验收	报批
35	建筑与市政工程抗震通用规范	通用规范	2019	验收	报批
36	建筑与市政工程无障碍通用规范	通用规范	2019	验收	报批
37	既有建筑鉴定与加固通用规范	通用规范	2019	验收	报批
38	既有建筑维护与改造通用规范	通用规范	2019	验收	报批

2. 石油天然气工程

2018年起，按照住房和城乡建设部《关于印发2018年工程建设规范和标准编制及相关工作计划的通知》（建标函〔2017〕306号）和《工程建设规范研编工作指南》的要求，石油天然气工程开展了体系框架内石油天然气部分8项规范的研编工作，研编工作经过中期评估、成果审查，研编成果于2019年12月底上报住房和城乡建设部验收，另有一项由应急管理部主编的《可燃物储罐、装置及堆场防火通用规范》尚在研编中，详见表1-5。

石油天然气工程强制性工程建设规范工作情况（截至2020年底）   表1-5

序号	规范名称	规范类型（通用规范/项目规范）	立项时间	工作进度	
				研编阶段（启动、中期评估、验收）	编制阶段（启动、征求意见、审查、报批）
1	输气管道工程项目规范	项目规范	2018	验收	—
2	输油管道工程项目规范	项目规范	2018	验收	—
3	油田地面工程项目规范	项目规范	2018	验收	—
4	气田地面工程项目规范	项目规范	2018	验收	—
5	气田天然气处理厂项目规范	项目规范	2018	验收	—
6	液化天然气工程项目规范	项目规范	2018	验收	—
7	石油天然气设备与管道腐蚀控制和隔热通用规范	通用规范	2018	验收	—
8	管道穿越和跨越通用规范	通用规范	2018	验收	—
9	可燃物储罐、装置及堆场防火通用规范	通用规范	2020	研编	—

3. 石油化工工程

全文强制工程规范编制持续推进，石油化工工程承担《炼油化工工程项目规范》《加油加气站项目规范》《石油库项目规范》和《地下水封洞库项目规范》4项强制性工程建设规范的研编工作，2020年已完成征求意见稿，并在住房和城乡建设部网站征集国家有关部委和相关强制性规范编制组的意见，详见表1-6。

石油化工工程强制性工程建设规范工作情况（截至2020年底）   表1-6

序号	规范名称	规范类型（通用规范/项目规范）	立项时间	工作进度	
				研编阶段（启动、中期评估、验收）	编制阶段（启动、征求意见、审查、报批）
1	炼油化工工程项目规范	项目规范	2018	验收	—
2	加油加气站项目规范	项目规范	2018	验收	—
3	石油库项目规范	项目规范	2018	验收	—
4	地下水封洞库项目规范	项目规范	2018	验收	—

4. 化工工程

化工工程开展7项强制性工程建设规范研编工作，2017年住房和城乡建设部批准研编项目立项，研编工作于 2018 年启动，2019 年 12 月底完成。主编部门是工业和信息化部，组织单位是中国石油和化工勘察设计协会，起草牵头单位分别是中国寰球工程有限公司、中国成达工程有限公司、中国五环工程有限公司、华陆工程科技有限责任公司、中蓝连海设计研究院。按照住房城乡建设部的部署和要求，于 2020 年提前启动了规范编制工作，已进行到征求意见阶段，详见表 1-7。

化工工程强制性工程建设规范工作情况（截至 2020 年底）　　　表 1-7

序号	规范名称	规范类型（通用规范/项目规范）	立项时间	工作进度	
				研编阶段（启动、中期评估、验收）	编制阶段（启动、征求意见、审查、报批）
1	无机化工工程项目规范	项目规范	2017	验收	—
2	有机化工工程项目规范	项目规范	2017	验收	—
3	精细化工工程项目规范	项目规范	2017	验收	—
4	化工矿山工程项目规范	项目规范	2017	验收	—
5	低温环境混凝土应用通用规范	通用规范	2017	验收	—
6	爆炸性环境电气工程通用规范	通用规范	2017	验收	—
7	厂区工业设备和管道工程通用规范	通用规范	2017	验收	—

5. 水利工程

水利工程强制性工程建设规范研编项目 5 项。4 项研编项目已开展中期评估工作，其中《农村水利工程项目规范》在研编过程中，经过研究和论证，拆分为《农业灌溉与排水工程项目规范》研编项目和《农村供水工程项目规范》正式编制项目，详见表 1-8。

水利工程强制性工程建设规范工作情况（截至 2020 年底）　　　表 1-8

序号	规范名称	规范类型（通用规范/项目规范）	立项时间	编制进度	
				研编阶段（启动、中期评估、验收）	编制阶段（启动、征求意见、审查、报批）
1	水利工程专用机械及水工金属结构通用规范	通用规范	2018	中期评估	—
2	防洪治涝工程项目规范	项目规范	2018	中期评估	—
3	水土保持工程项目规范	项目规范	2018	中期评估	—
4	农业灌溉与排水工程项目规范	项目规范	2018	中期评估	—
5	农村供水工程项目规范	项目规范	2020	启动	—

6. 有色金属工程

有色金属工程行业工程强制性工程建设规范研编项目共 10 项，已完成研编验收。2020 年 10～11 月，规范征求意见稿在住房和城乡建设部网站征求意见，详见表 1-9。

有色金属工程强制性工程建设规范工作情况（截至 2020 年底）　　　表 1-9

序号	规范名称	规范类型（通用规范/项目规范）	立项时间	编制进度	
				研编阶段（启动、中期评估、验收）	编制阶段（启动、征求意见、审查、报批）
1	金属非金属矿山工程通用规范	通用规范	2018	验收	—
2	有色金属矿山工程项目规范	项目规范	2018	验收	—
3	重有色金属冶炼工程项目规范	项目规范	2018	验收	—
4	有色轻金属冶炼工程项目规范	项目规范	2018	验收	—
5	稀有金属及贵金属冶炼工程项目规范	项目规范	2018	验收	—
6	硅材料工程项目规范	项目规范	2018	验收	—
7	有色金属加工工程项目规范	项目规范	2018	验收	—
8	索道工程项目规范	项目规范	2018	验收	—
9	建筑防护与防腐通用规范	通用规范	2018	验收	—
10	工业建筑供暖通风与空气调节通用规范	通用规范	2018	验收	—

7. 建材工程

建材工程强制性工程建设规范研编项目共 6 项，其中 2018 年开展研编 3 项，2020 年开展研编 3 项。2020 年分别召开了启动会和若干次编制工作会议，目前已经完成中期评估阶段的工作，拟于 2021 年完成研编工作，申请正式编制，详见表 1-10。

建材工程强制性工程建设规范工作情况（截至 2020 年底）　　　表 1-10

序号	规范名称	规范类型（通用规范/项目规范）	立项时间	工作进度	
				研编阶段（启动、中期评估、验收）	编制阶段（启动、征求意见、审查、报批）
1	建材工厂项目规范	项目规范	2018	验收	—
2	建材矿山工程项目规范	项目规范	2018	验收	—
3	水泥窑协同处置项目规范	项目规范	2018	验收	—
4	平板玻璃工厂项目规范	项目规范	2020	中期评估	—
5	建筑废弃物再生工厂项目规范	项目规范	2020	中期评估	—
6	玻纤及岩、矿棉工厂项目规范	项目规范	2020	中期评估	—

8. 电子工程

电子工程强制性工程建设规范共 11 项，其中 2018 年开展研编 10 项，2020 年开展研编 1 项。截至 2020 年底，10 项规范已经完成研编并通过验收，1 项规范研编完成中期评估，详见表 1-11。

电子工程强制性工程建设规范工作情况（截至 2020 年底）　　　表 1-11

序号	规范名称	规范类型（通用规范/项目规范）	立项时间	工作进度	
				研编阶段（启动、中期评估、验收）	编制阶段（启动、征求意见、审查、报批）
1	工程防静电通用规范	通用规范	2018	验收	—
2	工程防辐射通用规范	通用规范	2018	验收	—
3	工业纯水系统通用规范	通用规范	2018	验收	—
4	工业洁净室通用规范	通用规范	2018	验收	—
5	电子工厂特种气体和化学品配送设施通用规范	通用规范	2018	验收	—
6	电子元器件厂项目规范	项目规范	2018	验收	—
7	电子材料厂项目规范	项目规范	2018	验收	—
8	废弃电器电子产品处理工程项目规范	项目规范	2018	验收	—
9	电池生产与处置工程项目规范	项目规范	2018	验收	—
10	数据中心项目规范	项目规范	2018	验收	—
11	印制电路板厂项目规范	项目规范	2020	中期评估	—

9. 医药工程

医药工程强制性工程建设规范 2018 年开展研编 5 项，2020 年中国医药工程设计协会正式向住房和城乡建设部提出申请，建议将《医药生产用水系统通用规范》和《医药生产用气系统通用规范》列入国家正式编制计划，开展正式编制工作，详见表 1-12。

医药工程强制性工程建设规范工作情况（截至 2020 年底）　　　表 1-12

序号	规范名称	规范类型（通用规范/项目规范）	立项时间	工作进度	
				研编阶段（启动、中期评估、验收）	编制阶段（启动、征求意见、审查、报批）
1	医药生产用水系统通用规范	通用规范	2018	验收	—
2	医药生产用气系统通用规范	通用规范	2018	验收	—
3	医药生产工程项目规范	项目规范	2018	中期评估	—
4	医药研发工程项目规范	项目规范	2018	中期评估	—
5	医药仓储工程项目规范	项目规范	2018	中期评估	—

10. 煤炭工程

煤炭工程共 10 项强制性工程建设规范，包括项目规范 5 项，通用规范 5 项。其中 3 项矿山通用规范是煤炭、有色、冶金、建材、化工、黄金和核工业 7 个矿山行业通用规范。

2020 年初 10 项强制性工程建设规范完成研编工作，于 2020 年上半年在中国煤炭建设协会网站向全社会征求意见，详见表 1-13。

煤炭工程强制性工程建设规范工作情况（截至 2020 年底） 表 1-13

序号	规范名称	规范类型（通用规范/项目规范）	立项时间	工作进度	
				研编阶段（启动、中期评估、验收）	编制阶段（启动、征求意见、审查、报批）
1	煤炭工业矿井工程项目规范	项目规范	2018	验收	—
2	煤炭工业露天矿工程项目规范	项目规范	2018	验收	—
3	煤炭工业洗选加工工程项目规范	项目规范	2018	验收	—
4	煤炭工业矿区辅助附属设施工程项目规范	项目规范	2018	验收	—
5	瓦斯抽采与综合利用工程项目规范	项目规范	2018	验收	—
6	煤炭工业矿区总体规划通用规范	通用规范	2018	验收	—
7	煤炭工业安全工程通用规范	通用规范	2018	验收	—
8	矿山特种结构通用规范	通用规范	2018	验收	—
9	矿山供配电通用规范	通用规范	2018	验收	—
10	矿山工程地质勘察与测量通用规范	通用规范	2018	验收	—

11. 林业工程

林业工程 2020 年启动了《林（草）业有害生物防控工程项目规范》《野生动植物保护设施项目规范》和《国家公园项目规范》3 项强制性工程建设规范的研编工作；完成了《林产工业工程项目规范》《森林防火工程项目规范》和《森林培育与利用设施项目规范》3 项强制性工程建设规范的研编验收工作，详见表 1-14。

林业工程建设强制性工程建设规范工作情况（截至 2020 年底） 表 1-14

序号	规范名称	规范类型（通用规范/项目规范）	立项时间	编制进度	
				研编阶段（启动、中期评估、验收）	编制阶段（启动、征求意见、审查、报批）
1	森林培育与利用设施项目规范	项目规范	2018	验收	—
2	林产工业工程项目规范	项目规范	2018	验收	—
3	森林防火工程项目规范	项目规范	2018	验收	—
4	自然保护区项目规范	项目规范	2018	验收	—
5	湿地保护工程项目规范	项目规范	2018	验收	—
6	生态修复工程通用规范	通用规范	2018	验收	—
7	国家公园项目规范	项目规范	2020	启动	—
8	野生动植物保护设施项目规范	项目规范	2020	启动	—
9	林（草）业有害生物防控工程项目规范	项目规范	2020	启动	—

12. 粮食工程

粮食工程强制性工程建设规范共有 4 项正在研编，详见表 1-15。

粮食工程强制性工程建设规范工作情况（截至 2020 年底）　　　　表 1-15

序号	规范名称	规范类型（通用规范/项目规范）	立项时间	编制进度	
				研编阶段（启动、中期评估、验收）	编制阶段（启动、征求意见、审查、报批）
1	粮食仓库项目规范	项目规范	2018	征求意见	—
2	粮食加工厂项目规范	项目规范	2018	启动	—
3	食用植物油脂加工厂项目规范	项目规范	2018	启动	—
4	粮食烘干设施通用规范	通用规范	2018	启动	—

13. 轻工业工程

轻工业工程强制性工程建设规范共有 13 项正在研编，其中工程项目建设技术规范 11 项，通用技术类技术规范 2 项，详见表 1-16。

轻工业工程强制性工程建设规范工作情况（截至 2020 年底）　　　　表 1-16

序号	规范名称	规范类型（通用规范/项目规范）	立项时间	编制进度	
				研编阶段（启动、中期评估、验收）	编制阶段（启动、征求意见、审查、报批）
1	制浆造纸工程项目规范	项目规范	2018	验收	—
2	生物发酵工程项目规范	项目规范	2018	验收	—
3	日用品工程项目规范	项目规范	2018	验收	—
4	轻工工程术语标准	通用规范	2019	启动	—
5	特殊食品工程项目规范	项目规范	2020	中期评估	—
6	快销预制食品项目规范	项目规范	2020	中期评估	—
7	食品添加剂工程项目规范	项目规范	2020	中期评估	—
8	家用电器工程项目规范	项目规范	2020	中期评估	—
9	制盐工程项目规范	项目规范	2020	中期评估	—
10	皮革毛皮工程项目规范	项目规范	2020	中期评估	—
11	制糖工程项目规范	项目规范	2020	中期评估	—
12	日用化工工程项目规范	项目规范	2020	中期评估	—
13	食品工程通用规范	通用规范	2018	验收	—

14. 冶金工程

截至 2020 年 6 月底，冶金工程全面完成了 12 项强制性工程建设规范的研编工作，并在网上进行了征求意见。冶金工程承担的 12 项强制性工程建设规范的研编，全部通过住房和城乡建设部、工业和信息化部的验收。12 项强制性工程建设规范已进入正式编制阶段，3 项开始研编阶段工作，详见表 1-17。

冶金工程强制性工程建设规范工作情况（截至 2020 年底） 表 1-17

序号	规范名称	规范类型（通用规范/项目规范）	立项时间	编制进度	
				研编阶段（启动、中期评估、验收）	编制阶段（启动、征求意见、审查、报批）
1	冶金矿山工程项目规范	项目规范	2018	验收	—
2	原料场项目规范	项目规范	2018	验收	—
3	焦化工程项目规范	项目规范	2018	验收	—
4	烧结和球团工程项目规范	项目规范	2018	验收	—
5	钢铁冶炼工程项目规范	项目规范	2018	验收	—
6	轧钢工程项目规范	项目规范	2018	验收	—
7	钢铁工业资源综合利用通用规范	通用规范	2018	验收	—
8	钢铁企业综合污水处理通用规范	通用规范	2018	验收	—
9	钢铁渣处理与综合利用通用规范	通用规范	2018	验收	—
10	钢铁煤气储存输配通用规范	通用规范	2018	验收	—
11	工业气体制备通用规范	通用规范	2018	验收	—
12	工业给排水通用规范	通用规范	2018	验收	—
13	铁矿球团工程项目规范	项目规范	2019	中期评估	—
14	铁合金工程项目规范	项目规范	2019	中期评估	—
15	热轧工程项目规范	项目规范	2019	中期评估	—

15. 广播电视工程

广播电视工程强制性工程建设规范包括《广播电视传输覆盖网络工程项目规范》和《广播电视制播工程项目规范》2 项，目前已完成研编工作。国家广播电视总局于 2020 年 7 月对 2 项规范召开征求意见稿审查会，并公开征求意见，11 月编制组对反馈意见开展了讨论研究，详见表 1-18。

广播电视工程强制性工程建设规范工作情况（截至 2020 年底） 表 1-18

序号	规范名称	规范类型（通用规范/项目规范）	立项时间	编制进度	
				研编阶段（启动、中期评估、验收）	编制阶段（启动、征求意见、审查、报批）
1	广播电视传输覆盖网络工程项目规范	项目规范	2018 年	验收	—
2	广播电视制播工程项目规范	项目规范	2018 年	验收	—

（五）工程建设国家标准复审情况

按照国务院《深化标准化工作改革方案》（国发〔2015〕13 号）要求，落实《关于深化工程建设标准化工作改革的意见》工作部署，2020 年住房和城乡建设部继续开展国家标准复审专项工作，各部门、行业结合行政监管和技术管理需求，开展标准审查、协调、调研、技术咨询等工作，对现行工程建设国家标准进行梳理并复审，提出整合、精简、转化建议。部分行业国家标准复审结果见表 1-19。

2020 年工程建设国家标准复审情况　　　　表 1-19

行业	复审总数	继续有效	需要修订	建议废止	转化
城乡建设	251	208	42	1	0
石油天然气工程	13	11	2	0	0
石油化工工程	24	19	5	0	0
化工工程	11	6	5	0	0
水利工程	35	18	14	3	0
有色金属工程	69	59	10	0	0
冶金工程	58	38	20	0	0
建材工程	32	27	5	0	0
电子工程	66	45	21	0	0
医药工程	13	13	0	0	0
农业工程	3	3	0	0	0
煤炭工程	79	53	21	4	1
兵器工程	12	11	1	0	0
电力工程	116	87	26	3	0
广播电影电视工程	6	4	2	0	0
公路工程	6	5	0	0	1 (转行标)
粮食工程	3	3	0	0	0
林业工程	20	20	0	0	0
轻工业工程	3	0	3	0	0
通信工程	43	41	2	0	0
卫生工程	8	0	8	0	0
核工业工程	8	8	0	0	0
合计	879	679	188	11	1 (转行标)

第二章

行业工程建设标准化发展状况

一、工程建设行业标准现状

（一）工程建设行业标准数量总体现状

2020 年共发布工程建设行业标准 141 项，其中制定 67 项，修订 74 项，部分行业发布的工程建设行业标准数量见表 2-1。

2020 年部分行业发布的工程建设行业标准数量 　　　　　　　表 2-1

序号	行业	制定（项）	修订（项）	总数（项）
1	城乡建设	7	5	12
2	建筑工业	5	2	7
3	石油天然气工程	6	14	20
4	石油化工工程	10	5	15
5	化工工程	5	7	12
6	水利工程	12	16	28
7	有色金属工程	1	3	4
8	电力工程	15	6	21
9	广播电视工程	1	2	3
10	铁路工程	5	10	15
11	轻工业工程	0	4	4
	总计	67	74	141

注：修订包括全面修订和局部修订。

截至 2020 年底，各行业现行工程建设行业标准 4086 项，数量情况见图 2-1。电力工程现行工程建设行业标准数量最多，建筑工业次之。图 2-2 显示了工程建设行业标准各领域所占比重。其中，能源领域（包括电力工程、石油天然气工程、海洋石油工程、煤炭工程、核工业工程、能源工程）占 30.4%，化工领域（包括石油化工工程、化学工程）占 15.9%，城建建工领域占 17.4%，水利工程占 7.5%，通信工程和海洋工程占 7.6%，交通领域（包括铁路工程、民航工程、交通运输工程）占 6.7%。

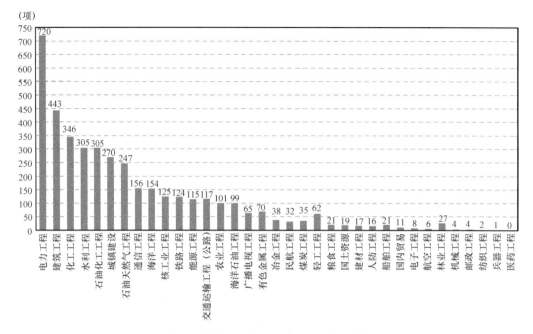

图 2-1　各行业现行工程建设行业标准数量

图 2-2　各领域标准所占比重

（二）工程建设行业标准数量具体情况

1. 城乡建设领域

（1）工程标准

按照行业标准精简整合的改革思路，自 2016 年起，住房和城乡建设部放缓城乡建设领域行业标准计划数量（表 2-2），每年批准发布的行业标准数量逐步减少（表 2-3）。2020 年批准发布 19 项城乡建设领域行业标准，按专业划分情况见表 2-4。

2016～2020 年城乡建设领域行业标准下达计划数量　　表 2-2

计划年度	制定（项）	修订（项）	总数（项）
2016	10	23	33
2017	5	3	8
2018	0	0	0
2019	13	10	23
2020	0	30	30

2016～2020 年批准发布的城乡建设领域行业标准数量　　表 2-3

发布年度	城乡建设		建筑工业		总数（项）
	制定（项）	修订（项）	制定（项）	修订（项）	
2016	23	8	26	13	70
2017	23	8	13	6	50
2018	15	4	34	6	59
2019	13	4	31	10	58
2020	7	5	5	2	19

2020 年批准发布的城乡建设领域行业标准（按专业统计）　　表 2-4

序号	专业分类	数量（项）	序号	专业分类	数量（项）
1	施工安全	0	11	建筑给水排水	1
2	城乡规划	1	12	环能	0
3	道桥	1	13	建筑结构	6
4	地基	0	14	建筑设计	0
5	园林	0	15	勘测	0
6	工程质量	1	16	燃气	0
7	构配件	0	17	市容环卫	0
8	城市轨道交通	6	18	市政给水排水	1
9	建筑维护加固与房地产	0	19	供热	0
10	建筑电气	0	20	信息应用	2
合计					19

（2）产品标准

截至 2020 年底，城乡建设领域现行产品标准共 1281 项。其中：国家产品标准共 354 项，行业产品标准共 927 项；行业产品标准中，城乡建设共 422 项，建筑工业共 505 项；推荐性标准 1265 项，强制性标准 16 项。具体数据见表 2-5 和图 2-3。

2020 年共编制完成城乡建设领域产品标准 64 项，其中，国家标准 58 项，行业标准 6 项（各专业产品标准发布情况详见表 2-6）。

城乡建设领域各专业现行产品标准情况（截至 2020 年底）　　表 2-5

序号	专业	国标（项）		行标（项）		总数（项）		总数（项）
		强制性	推荐性	强制性	推荐性	强制性	推荐性	
1	城镇轨道交通	1	27	0	34	1	61	62
2	城镇道路与桥梁	0	7	0	24	0	31	31
3	市政给水排水	2	36	0	98	2	134	136
4	建筑给水排水	0	1	0	124	0	125	125
5	城镇燃气	10	32	0	54	10	86	96
6	城镇供热	0	21	0	14	0	35	35
7	市容环境卫生	0	13	0	41	0	54	54
8	风景园林	0	2	0	9	0	11	11
9	建筑工程质量	0	0	0	15	0	15	15
10	建筑制品与构配件	0	27	0	268	0	295	295
11	建筑结构	1	9	0	63	1	72	73
12	建筑环境与节能	0	44	0	56	0	100	100
13	信息技术及智慧城市	0	32	0	31	0	63	63
14	建筑工程勘察与测量	0	0	0	11	0	11	11
15	建筑地基基础	0	0	0	4	0	4	4
16	建筑施工安全	2	0	0	65	2	65	67
17	建筑维护加固与房地产	0	0	0	7	0	7	7
18	建筑电气	0	0	0	9	0	9	9
19	建筑幕墙门窗	0	61	0	0	0	61	61
20	紫外线消毒设备	0	3	0	0	0	3	3
21	混凝土	0	23	0	0	0	23	23
	合计（项）	16	338	0	927	16	1265	1281

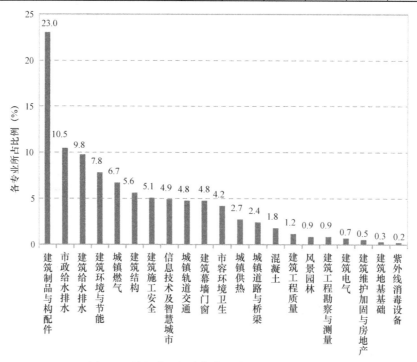

图 2-3　城乡建设领域各专业产品标准所占比例

2016～2020 年城乡建设领域各专业产品标准发布情况　　表 2-6

序号	专业	2016 年（项）	2017 年（项）	2018 年（项）	2019 年（项）	2020 年（项）
1	城镇轨道交通	2	0	1	1	0
2	城镇道路与桥梁	3	0	3	0	0
3	市政给水排水	11	4	12	3	0
4	建筑给水排水	17	5	9	0	1
5	城镇燃气	3	2	5	1	0
6	城镇供热	1	0	3	0	0
7	市容环境卫生	6	3	2	1	1
8	风景园林	1	3	2	0	0
9	建筑工程质量	0	0	0	1	2
10	建筑制品与构配件	19	33	20	7	2
11	建筑结构	8	1	4	5	0
12	建筑环境与节能	3	0	8	0	0
13	信息技术	3	2	3	1	0
14	建筑工程勘察与测量	1	0	10	0	0
15	建筑地基基础	0	1	2	0	0
16	建筑施工安全	1	4	0	2	0
17	建筑维护加固与房地产	2	0	0	2	0
18	建筑电气	1	1	0	0	0
	合计	82	59	84	24	6

2. 石油天然气工程

石油天然气工程建设标准体系由设计标准体系、施工标准体系、防腐标准体系三个分体系组成，各分体系标准数量情况详见表 2-7。截至 2020 年底，石油天然气工程现行工程建设行业标准 247 项。2020 年批准发布行业标准 20 项，立项行业标准 23 项（制定 6 项，修订 17 项），其中：设计专业制定 3 项、修订 7 项，施工专业制定 2 项、修订 4 项，防腐专业制定 1 项、修订 6 项。

石油天然气工程建设行业标准数量　　表 2-7

序号	专业类别	现行（项）	2020 年批准发布（项）
1	设计	101	7
2	施工	70	6
3	防腐	76	7
	合计	247	20

3. 石油化工工程

截至 2020 年底，石油化工工程现行工程建设行业标准 305 项。2020 年工程建设行业标准在编项目 53 项，批准发布工程建设行业标准 15 项，按专业分布数量见表 2-8。

石油化工工程建设行业标准数量 表 2-8

序号	专业类别	行业标准	
		现行（项）	2020 年批准发布（项）
1	综合专业	7	0
2	工艺专业	10	1
3	静设备专业	27	0
4	工业炉专业	28	0
5	机械专业	26	0
6	总图专业	16	0
7	管道专业	36	0
8	自控专业	19	0
9	电气专业	16	4
10	储运专业	15	1
11	粉体专业	5	1
12	给排水专业	6	0
13	消防专业	1	0
14	环保专业	5	0
15	安全专业	9	0
16	抗震专业	7	0
17	施工专业	34	5
18	土建专业	38	4
19	信息专业	0	0
	合计	305	15

4. 化工工程

2020 年，共批准发布化工工程建设行业标准 12 项。截至 2020 年底，现行化工工程建设行业标准 346 项，按专业划分数量情况详见表 2-9。

化工工程建设行业标准数量 表 2-9

序号	专业类别	小计	性质		类型		
			强制	推荐	基础	通用	专用
1	化工工艺系统专业	18	4	14	0	6	12
2	化工配管专业	19	3	16	0	7	12
3	化工建筑、结构专业	22	1	21	0	2	20
4	化工工业炉专业	20	0	20	1	13	6
5	化工给排水专业	2	0	2	0	2	0
6	化工热工、化学水处理专业	7	0	7	0	2	5
7	化工自控专业	34	0	34	2	19	13
8	化工粉体工程专业	12	1	11	2	4	6

序号	专业类别	小计	性质		类型		
			强制	推荐	基础	通用	专用
9	化工暖通空调专业	5	0	5	1	3	1
10	化工总图运输专业	1	0	1	1	0	0
11	化工环境保护专业	4	2	2	0	0	4
12	化工设备专业	123	1	122	2	11	110
13	化工电气、电信专业	9	1	8	1	4	4
14	化工信息技术应用专业	0	0	0	0	0	0
15	化工工程施工技术	24	6	18	0	10	14
16	橡胶加工专业	4	0	4	3	0	1
17	化工矿山专业	28	12	16	0	26	2
18	工程项目管理	1	0	1	0	1	0
19	化工工程勘察	13	0	13	0	1	12
	合计	346	31	315	13	111	222

2020年，化工工程各专业立项情况如图2-4所示，有7个专业立项14项标准（其中国家标准10项、行业标准3项、团体标准1项）。2010～2020年化工工程建设标准立项情况见图2-5。

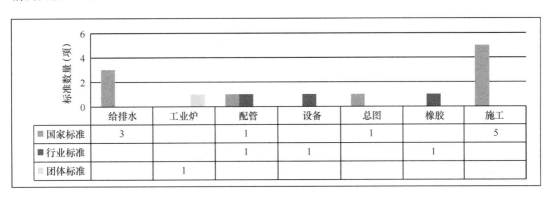

	给排水	工业炉	配管	设备	总图	橡胶	施工
国家标准	3		1		1		5
行业标准			1	1		1	
团体标准		1					

图 2-4　2020 年化工工程建设标准立项情况

5. 水利工程

2020年，水利工程标准化工作深入贯彻落实新修订的《中华人民共和国标准化法》，紧紧围绕"节水优先、空间均衡、系统治理、两手发力"治水思路和水利改革发展要求，不断加强顶层设计，完善水利技术标准体系，强化标准实施与监督，有效发挥标准化工作的基础性和引领性作用，推动新时代水利改革发展，水利技术标准体系由专业门类和功能序列构成，见图2-6。

2020年共批准发布水利工程建设行业标准28项。截至2020年底，在全面梳理现行水利技术标准的基础上，公告废止《水电新农村电气化规划编制规程》等87项水利行业标准，水利现行工程建设行业标准305项，详见表2-10。

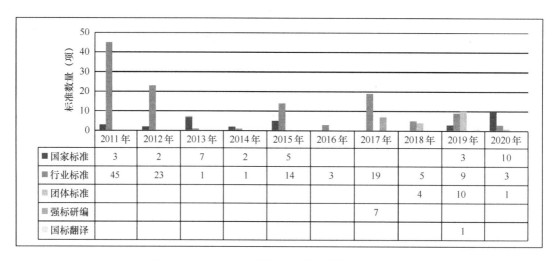

图 2-5　2010～2020 年化工工程建设标准立项情况

	2011 年	2012 年	2013 年	2014 年	2015 年	2016 年	2017 年	2018 年	2019 年	2020 年
国家标准	3	2	7	2	5				3	10
行业标准	45	23	1	1	14	3	19	5	9	3
团体标准								4	10	1
强标研编							7			
国标翻译									1	

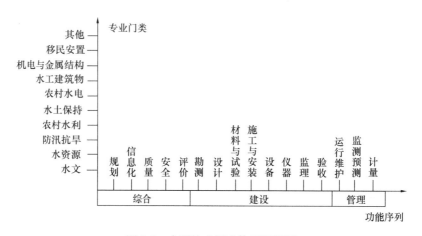

图 2-6　水利技术标准体系框架图

水利工程建设行业标准数量（截至 2020 年底）　　　　　　表 2-10

序号	行业标准		
	专业类别	现行（项）	2020 年批准发布（项）
1	防汛抗旱	17	—
2	机电与金属结构	33	4
3	农村水电	15	1
4	农村水利	12	1
5	水工建筑物	154	19
6	水土保持	21	1
7	水文	18	—
8	水资源	17	2
9	移民安置	9	—
10	其他	9	—
合计		305	28

6. 有色金属工程

2020 年发布有色金属工程建设行业标准 4 项，其中制定 1 项，修订 3 项。截至 2020 年底，现行有色金属工程建设行业标准 71 项，详见表 2-11。

有色金属工程建设行业标准数量 表 2-11

序号	行业标准		
	专业类别	现行（项）	2020 年批准发布（项）
1	测量与工程勘察	27	4
2	矿山工程	4	—
3	有色金属冶炼与加工工程	5	—
4	公用工程	35	—
合计		71	4

7. 电力工程

电力工程（不含电力规划设计领域、水电及新能源规划设计领域）现行工程建设行业标准 420 项，2020 年批准发布工程建设行业标准 21 项。不同专业类别标准数量详见表 2-12。2020 年立项工程建设行业标准 29 项，重点围绕输变电、水电、核电常规岛、电化学储能、电动汽车等热点领域充换电立项。

电力工程建设行业标准数量 表 2-12

序号	专业类别	现行（项）	2020 年批准发布（项）
1	火电	67	0
2	水电	194	13
3	核电	22	0
4	新能源	14	4
5	输变电	122	4
6	综合通用	1	0
合计		420	21

8. 广播电视工程

2020 年，广播电视工程现行工程建设行业标准 65 项，其中通用类 14 项，广播电视台类 12 项，中、短波类 6 项，电视、调频类 5 项，发射塔类 4 项，监测类 6 项，卫星类 5 项，光缆及电缆类 5 项，微波类 4 项，定额类 4 项（详见图 2-7 和表 2-13）。

广播电视工程建设行业标准数量 表 2-13

序号	行业标准		
	专业类别	现行（项）	2020 年批准发布（项）
1	通用类	14	1
2	广播电视台类	12	0
3	中、短波类	6	2
4	电视、调频类	5	0

序号	行业标准		
	专业类别	现行（项）	2020年批准发布（项）
5	发射塔类	4	0
6	监测类	6	0
7	光缆及电缆类	5	0
8	卫星类	5	0
9	微波类	4	0
10	定额类	4	0
	合计	65	3

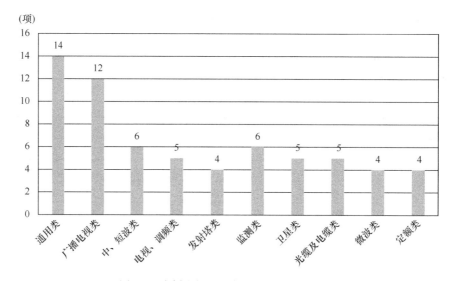

图 2-7　广播电视工程行业标准分类统计图

9. 铁路工程

2020年，发布铁路工程建设行业标准15项，覆盖市域（郊）铁路、施工安全等领域和铁路路基、桥梁、站场等专业。发布《市域（郊）铁路设计规范》，贯彻落实党中央、国务院关于加快推进新型城镇化发展决策部署，为规范和引导市域（郊）铁路发展、加快推进都市圈建设提供重要技术支撑，规范编制得到了国家发改委、自然资源部、生态环境部、住房和城乡建设部、交通运输部等部门，31个省（自治区、直辖市）以及国铁集团和铁路、地铁相关企事业单位的大力支持，相关新闻信息被新华社、中国政府网等300余家主流媒体转载。发布7项铁路工程施工安全系列技术规程，涵盖基本作业、路基、桥梁、隧道、轨道、通信信号信息、电力和电力牵引供电等铁路主要工程施工安全技术内容，进一步统一铁路工程施工安全技术要求，规范铁路工程施工安全管理和施工作业安全行为，为保障铁路工程建设及铁路运输安全提供重要技术支撑（详见表2-14）。

铁路工程建设行业标准数量 表 2-14

序号	行业标准		
	专业类别	现行（项）	2020 年批准发布（项）
1	基础标准	2	0
2	综合标准	6	0
3	专业标准	110	15
4	管理标准	6	0
合计		124	15

10. 轻工业工程

截至 2020 年底，轻工业工程现行工程建设行业标准共 62 项，包括食品 14 项，轻化工 15 项，生物发酵 12 项，日用品 21 项。2020 年，批准发布工程建设行业标准 4 项，全部为修订标准，详见表 2-15。

轻工行业工程建设行业标准数量 表 2-15

序号	类别	现行数量（项）	2020 年发布（项）
1	食品	14	0
2	轻化工	15	1
3	生物发酵	12	1
4	日用品	21	2
合计		62	4

二、工程建设行业标准化管理情况

（一）机构建设

工程建设行业标准化管理机构为各行业管理部门，支撑机构大多为标准定额站、行业协会，详见表 2-16。

工程建设领域行业标准化管理机构统计表 表 2-16

行业	标准立项部门	标准批准发布部门	标准备案部门	标准化管理部门	标准化管理支撑机构
城乡建设领域	住房和城乡建设部	住房和城乡建设部	住房和城乡建设部	住房和城乡建设部标准定额司	住房和城乡建设部标准定额研究所
					住房和城乡建设部标准化技术委员会
石油天然气工程	国家能源局	国家能源局	住房和城乡建设部	国家能源局能源节约和科技装备司	中国石油天然气集团有限公司科技管理部标准处
					石油工程建设专业标准化委员会

续表

行业	标准立项部门	标准批准发布部门	标准备案部门	标准化管理部门	标准化管理支撑机构
石油化工工程	工业和信息化部	工业和信息化部	住房和城乡建设部	工业和信息化部科技司统筹管理,规划司分工负责工程建设标准	中国石油化工集团有限公司工程部
					中国石化工程建设标准化技术委员会
化工工程	工业和信息化部	工业和信息化部	住房和城乡建设部	工业和信息化部科技司统筹管理,规划司分工负责工程建设标准	工业和信息化部规划司
水利工程	水利部	水利部	国家标准化管理委员会	水利部国际合作与科技司	中国水利学会
有色金属工程	工业和信息化部	工业和信息化部	住房和城乡建设部	工业和信息化部科技司统筹管理,规划司分工负责工程建设标准	中国有色金属工业工程建设标准规范管理处
建材工程	工业和信息化部	工业和信息化部	住房和城乡建设部	工业和信息化部	国家建筑材料工业标准定额总站
电子工程	工业和信息化部	工业和信息化部	国家标准化管理委员会	工业和信息化部科技司统筹管理,规划司分工负责工程建设标准	电子工程标准定额站
农业工程	农业农村部	农业农村部	农业农村部	农业农村部计划财务司	农业农村部规划设计研究院
					中国工程建设标准化协会农业工程分会
煤炭工程	国家能源局	国家能源局	住房和城乡建设部	国家能源局能源节约和科技装备司	中国煤炭建设协会
	国家煤矿安全监察局	国家煤矿安全监察局		国家煤矿安全监察局科技装备司	中国煤炭建设协会
铁路工程	国家铁路局	国家铁路局	住房和城乡建设部	国家铁路局科技与法制司	国家铁路局规划与标准研究院
					中国铁路经济规划研究院有限公司
电力工程	国家能源局	国家能源局	住房和城乡建设部	国家能源局能源节约和科技装备司	中国电力企业联合会
					电力规划设计总院
					水电水利规划设计总院

行业	标准立项部门	标准批准发布部门	标准备案部门	标准化管理部门	标准化管理支撑机构
纺织工业	工业和信息化部	工业和信息化部	住房和城乡建设部	工业和信息化部科技司统筹管理，规划司分工负责工程建设标准	中国纺织工业联合会产业部
广播电视工程	国家广播电视总局	国家广播电视总局	住房和城乡建设部	国家广播电视总局规划财务司	国家广播电视总局工程建设标准定额管理中心
公路工程	交通运输部	交通运输部	住房和城乡建设部	交通运输部	中国工程建设标准化协会公路分会
					交通运输部公路科学研究院
粮食工程	国家粮食和物资储备局	国家粮食和物资储备局	国家标准化管理委员会	国家粮食和物资储备局标准质量管理办公室	无
林业工程	国家林业和草原局	国家林业和草原局	住房和城乡建设部	国家林业和草原局规划财务司	中国林业工程建设协会工程标准化专业委员会
轻工业工程	工业和信息化部	工业和信息化部		工业和信息化部规划司	中国轻工业工程建设协会标准化专业委员会
邮政工程	国家邮政局	国家邮政局	国家标准化管理委员会	国家邮政局政策法规司	全国邮政业标准化技术委员会
国内贸易工程	商务部	商务部	住房和城乡建设部	商务部建设司	中国工程建设标准化协会商贸分会
核工业工程	中国核工业集团有限公司	中国核工业集团有限公司	住房和城乡建设部	中国核工业集团有限公司经营管理部	中国核工业勘察设计协会

（二）管理制度

1992年，为加强工程建设行业标准管理，住房和城乡建设部制定并发布《工程建设行业标准管理办法》（建设部令第25号）。

依据新修订的《中华人民共和国标准化法》关于行业标准制定的新要求，为规范工程建设标准化工作，2019年，工业和信息化部、交通运输部制定出台了本部门行业标准管理办法。2020年5月27日，交通运输部印发了《公路工程建设标准管理办法》（交公路规〔2020〕8号），进一步明确了标准管理职责，规范了标准化工作程序，优化了公路工程标准体系。2020年8月12日，工业和信息化部印发了《工业通信业行业标准制定管理办法》（工业和信息化部令第55号），进一步明确了工业通信业行业标准制定职责，细化了工业通信业行业标准制定程序和要求。

　　此外，各行业标准主管部门和支撑机构也积极制定标准化管理制度，规范化管理行业标准，详见表 2-17。

行业标准化管理制度统计表

表 2-17

适用范围	制度名称	制修订机构	制修订时间
工程建设全行业	《工程建设行业标准管理办法》	住房和城乡建设部	1992
工业通信业	《工业通信业行业标准制定管理办法》	工业和信息化部	2020
公路工程	《公路工程建设标准管理办法》	交通运输部	2020
能源行业 （含煤炭、 电力、石油 天然气）	《能源领域行业标准化管理办法》	国家能源局	2019
	《能源领域行业标准制定管理实施细则》	国家能源局	2019
	《能源领域行业标准化技术 委员会管理实施细则》	国家能源局	2019
铁路工程	《铁路工程建设标准管理办法》	国家铁路局	2014
	《铁路行业标准翻译出版管理办法》	国家铁路局	2015
电子工程	《工业领域工程建设行业标准制定实施细则》	工业和信息化部规划司	2011 制定、 2014 修订
	《工业和信息化部行业标准制定管理暂行办法》	工业和信息化部科技司	2009
	《工业和信息化部标准制修订工作补充规定》	工业和信息化部科技司	2011
邮政工程	《邮政业标准化管理办法》	国家邮政局	2013
	《"十四五"邮政业标准体系建设指南》	国家邮政局	2020
	《邮政业国家标准和行业标准审查管理规定》	国家邮政局	2020
农业工程	《农业工程建设标准编制工作流程（试行）》	原农业农村部发展计划司	2014
水利工程	《水利标准化工作管理办法》	水利部	2019
	《关于加强水利团体标准管理工作的意见》	水利部	2020
	《水利技术标准复审细则》	水利部	2010
	《水利工程建设标准强制性条文管理办法（试行）》	水利部	2012
国防科技工业	《国防科技工业标准化工作管理办法》	国防科工局	2013
商贸工程	《商贸领域标准化管理办法（试行）》	商务部	2012
广播电视工程	《广播电视和网络视听工程 建设行业标准管理办法》	广电总局规划财务司	2020—2021
以下为标准化管理支撑机构对管理制度的细化补充			
电力工程	《专业标准化技术委员会标准审核员管理办法》	中国电力企业联合会	2019
	《电力标准复审管理办法》	中国电力企业联合会	2019
	《中国电力企业联合会标准制定细则》	中国电力企业联合会	2020
石油化工工程	《中国石化工程建设标准化管理办法》	中国石油化工集团公司	2011
	《石油化工行业工程建设标准编写规定》	中国石化股份有限公司工程部	2010
化工工程	《标准制、修订计划运行管理办法（试行）》	中国石油和化工勘察设计协会	2020
	《标准报批审查管理规定（试行）》	中国石油和化工勘察设计协会	2020

适用范围	制度名称	制修订机构	制修订时间
有色金属工程	《有色金属工业工程建设标准管理办法》	中国有色金属工业工程建设标准规范管理处	2012
建材工程	《建材行业工程建设标准管理办法（暂行）》	国家建筑材料工业标准定额总站	2015
	《建材行业工程建设标准编制工作实施细则（暂行）》	国家建筑材料工业标准定额总站	2015
轻工业工程	《工程建设标准编制工作管理办法》	中国轻工业工程建设协会	2016

三、工程建设行业标准编制情况

（一）重点标准编制工作情况

1. 城乡建设领域

（1）《城市轨道交通车辆基地工程技术标准》CJJ/T 306－2020

该标准为我国首次编制的城市轨道交通车辆基地工程技术行业标准，以地铁、轻轨交通车辆基地为主线，延伸至市域快速轨道交通、中低速磁浮交通、跨座式单轨交通、自动导向轨道交通、有轨电车等，具有安全可靠、功能合理、节能环保、经济适用、技术先进的突出特色，该标准规定了新建、改建和扩建的城市轨道交通车辆基地工程的设计、施工、工艺设备安装及质量验收的相关技术要求，是对现行城市轨道交通标准体系的完善和补充，取得了该类标准从无到有的突破，将对我国新建、扩建和改建城市轨道交通车辆基地工程建设起到极大的促进作用。

（2）《玻璃幕墙工程质量检验标准》JGJ/T 139－2020

该标准在原有新建玻璃幕墙工程质量检验的基础上，增加了既有玻璃幕墙检测评价方法，扩充了标准适用范围，解决了目前行业内缺乏既有玻璃幕墙检测评价依据的现状，使标准能够更适用于检测鉴定机构的工作需要，对降低幕墙安全事故的发生有积极作用。该标准在修订过程中增加了定性定量的现场检测方法，建立了玻璃幕墙硅酮结构胶的现场检测方法，建立了玻璃幕墙预埋系统的现场检测方法，解决了幕墙层间位移现场检测的问题，对进一步规范玻璃幕墙工程质量具有重要的现实意义。该标准的发布实施，推动了各省市既有幕墙安全检查工作的开展，也带动了玻璃幕墙行业检测技术水平的进一步提升，开拓了新的检测和创收领域。

2. 石油天然气工程

（1）《油气田变配电设计规范》SY/T 0033－2020

该标准作为国内油气田变配电设计方面唯一的设计标准，自2009年发布实施以来，在指导和规范国内油气田变配电设计方面发挥了重要作用。

该标准适用于陆上油气田、滩海陆采油气田和天然气液化工厂的110kV及以下电压等级变配电新建工程和已建工程的扩建、改建设计。主要包括电力负荷分级和供电要求、负荷计算、供配电系统、变配电站等内容。

(2)《油气输送管道通信系统设计规范》SY/T 7473-2020

工业和信息化部的相关通信设计规范是基于运营商需求而制定，而油气管道的通信系统是为满足企业的实际生产需求为目的，设置方式及需求有其特定的背景和特定的需求，例如：通信机房的结构设置、电信防雷接地设计、通信站址的选址以及通信站与油气站场合建，内有电力、自动化等所有专业的实际情况，几乎不能按信产部标准规范实施。而SDH光通信的网络管理、同步系统，电话交换系统中的调度电话、通信机房、供电、管道预警、站内电缆敷设等是管道通信的专有需求。因此，由于管道通信系统没有统一的设计规范，致使不同的工程、不同的设计人员，不同的运行单位，同一系统的设计差异非常大；电信系统的相关通信设计规范很难满足油气管道行业的通信设计需求，需要有专门的设计规范进行约束。

该标准适用于国内陆上油气输送管道通信系统的新建、改建或扩建工程的设计。主要技术内容是传输系统、电话交换系统、会议电视系统、安全防范系统、计算机网络系统、扩音对讲系统、时钟同步系统、电视接收系统、应急通信系统、通信布线、通信机房、供电防雷及接地、通信线路敷设、维护工器具配置。

(3)《埋地钢质管道机械化补口技术规范》SY/T 7477-2020

为适应我国管道建设高质量快速发展需求，对埋地钢质管道防腐层补口的机械化作出了一系列规定，提出了机械化补口的设备装备、补口施工和施工工艺评定等技术要求，该标准的实施必将提高埋地钢质管道的防腐补口质量，改变目前管道防腐补口风险较高，维修周期短的现象，对提升管道的安全运行水平将产生积极影响。

(4)《钢质管道及储罐腐蚀评价标准 第2部分：埋地钢质管道内腐蚀直接评价》SY/T 0087.2-2020

目前我国各类在役管道数量已达40余万公里，国家已对油气管道的安全运行提出要求，有关管道完整性管理方面标准需求较为迫切，为实现尽快规范开展油气管道管线内腐蚀检测工作，提高此类管线的完整性管理水平，减少管线事故发生率，促进油田企业在当地的绿色、和谐发展，针对油气管道内腐蚀检测标准薄弱的情况，结合近几年开展的科研攻关，2019年完成了《钢质管道及储罐腐蚀评价标准 第2部分：埋地钢质管道内腐蚀直接评价》(SY/T 0087.2)等管道完整性方面标准的制修订，该标准颁布将有助于大幅提高国内油气管道完整性管理的技术水平，进一步增强管道的本质安全。

3. 石油化工工程

(1)《石油化工管道工程无损检测标准》SH/T 3545-2020

该标准为新修订行业标准，结合近年来新的检测技术，总结了近年来管道无损检测的经验。在《石油化工管道无损检测标准》(SH/T 3545-2011)基础上，扩大了适用范围，增加了衍射时差法超声检测(TOFD)、相控阵超声检测(PA)和便携式荧光光谱检测等工艺及验收要求，并对资料性附录进行了修订和补充。

(2)《石油化工铬镍不锈钢、铁镍合金、镍基合金及不锈钢复合钢焊接规范》SH/T 3523-2020

该标准为新修订行业标准。《石油化工铬镍不锈钢、铁镍合金和镍合金焊接规范》和《石油化工不锈钢复合钢焊接规程》自2010年6月1日实施以来，有效指导了石油化工工程建设项目中铬镍不锈钢、铁镍合金、镍基合金和不锈钢复合钢焊接施工，对工程质量起到了一定的保证作用。近年来，随着炼油化工装置产能扩大的需求，耐高温高压的厚壁不锈钢、镍基管道不断涌现，对焊接及热处理工艺要求严格，现有工艺技术规程不能满足要求，同时原标准中的引用标准有更新，还有部分新起草的标准出现，在技术内容上已发生了较大变化。根据标准改革的要求，对焊接系列标准进行整合，将2项标准合并进行修订。

（3）《石油化工企业供配电系统安全分析导则》SH/T 3213－2020

该标准为新制定行业标准。随着石化企业的迅猛发展，千万吨级炼油、百万吨级乙烯及大型煤化工企业相继建成，石化企业的供配电系统已经趋于大型化，一旦发生事故停电，将造成重大经济损失或引发安全生产事故。同时石油化工装置介质易燃、易爆、腐蚀性强，并且是在高温、高压的工艺操作条件下生产，对供电系统的安全性、可靠性、自动化水平的要求很高，同时也对石化企业的供电系统在安全性、可靠性、自动化方面提出了新的挑战和更高的要求。该标准提供了对石油化工企业（包括炼油、化工、煤化工企业）供配电系统进行安全分析时所涉及的内容和要点、基础条件、方法和判据以及分析报告内容等方面的指导和建议，并给出了相关信息。该标准适用于石油化工企业供配电系统的规划、设计、建设和运行等各阶段。

4. 化工工程

（1）《重金属铅、锌、镉、铜、镍污染土壤原地修复技术规范》HG/T 20713－2020

该标准是新制定的行业标准，该标准适用建设用地重金属铅、锌、镉、铜、镍污染土壤原地修复。主要内容包括：总则、术语、基本规定、固化/稳定化修复工程设计、原地固化/稳定化修复（含实验室小试、现场中试、修复工程实施）、修复效果评估及工后环境监测。该规范提出的原地修复技术是基于满足重金属污染土壤修复后环境安全性及再利用功能需求的新思路。原地固化稳定化修复技术具有成本低廉、修复周期短等优点。作为污染土壤治理技术中的一项创新技术于2012年获得国家技术发明二等奖。该技术以原地就地处置和积极主动修复为目标，与常规土壤治理技术相比有显著的经济和环境效益。重金属污染场地经原位修复后既能满足土壤环境安全性要求，确保生态环境安全，又能具备可再开发利用功能，充分体现了我国保护环境的基本国策。该标准编制过程中，编制组收集了国内外相关资料，总结了甘肃省白银市东大沟重金属污染土（场地）、南京化工厂污染土（场地）、江苏靖江重金属污染土（场地）、江苏南通污染土（场地）、江苏无锡重金属污染土（场地）等数十个不同地区、不同污染类型的重金属污染场地的原地固化稳定化修复经验，为该标准的编制提供了可靠技术支持。该标准的实施，将为设计及施工人员提供污染场地修复的设计、施工依据，为实现国务院制定的土壤污染防治目标提供了有效的技术手段。

（2）《工业污染场地竖向阻隔技术规范》HG/T 20715－2020

该标准是新制定的行业标准，适用于在产、搬迁遗留的工业污染场地竖向阻隔屏障的设计、施工、工程效果评估与后期监测工作。主要内容包括场地勘察与污染状况调查、竖向阻隔工程设计、竖向阻隔工程施工、工程效果评估及工后监测。编制组广泛收集国内外资料和在总结"溧阳市联盟化学、溶解乙炔、红星电镀3个关停企业地块土壤修复工程""上海桃浦科技智慧城核心区场地污染土壤与地下水修复工程""温州市滨江商务区CBD

片区 13-03、12-05 地块场地治理工程"以及"浙江宁波江东甬江东南岸区域 JD01-02-09 污染地块隔离修复""沧州危险废弃物处置场污染地块隔离修复"等浙江宁波江东甬江东南岸区域 JD01-02-09 污染地块隔离修复工程、沧州危险废弃物处置场污染地块隔离修复工程中取得的经验基础上,广泛征求意见和反复研究编制而成,满足了 2015 年、2016 年,国务院先后印发的《水污染防治行动计划》(水十条)和《土壤污染防治行动计划》(土十条)所分别提出的"石化生产存贮销售企业和工业园区、矿山开采区、垃圾填埋场等区域应进行必要的防渗处理""治理与修复工程原则上在原址进行,并采取必要措施防止污染土壤挖掘、堆存等造成二次污染"的要求。该标准的实施,将为设计及施工人员提供污染场地修复的设计、施工依据,为实现国务院制定的土壤污染防治目标提供了有效的技术手段。

(3)《工业建筑钢结构用水性防腐蚀涂料施工及验收规范》HG/T 20720-2020

该标准是新编制规范,适用于新建、改建和扩建的工业建筑物和构筑物钢结构用水性防腐蚀涂料的施工及验收。主要技术内容包括:总则、术语、基本规定、涂料质量要求和防护涂层体系、涂装前钢材表面处理、涂装、涂层质量检验、环境保护、安全、工程验收和 3 个附录等。该标准解决了水性防腐蚀涂料应用于工业建筑钢结构涂装施工过程中标准缺失的问题,既着眼环保绿色的水性涂料应用,又着眼于排放废气集中回收处理,减少工业建筑钢结构用水性防腐蚀涂料涂装施工产生的 VOC 排放,可在应用水性钢结构防腐蚀涂料的新产品、装配式建筑施工新技术时统一规范涂装施工工艺,推动水性防腐蚀涂料的发展。对国家重大工程、重点项目在新建、改建、扩建工程中的工业建筑钢结构工程的设计、水性防腐蚀涂料施工及验收,将具有十分重要的指导意义。自 2020 年 10 月 1 日实施后,对于工业建筑钢结构用水性防腐涂料的应用起了很大的促进。2020 年受到了新冠疫情影响,但钢结构用水性防腐蚀涂料相关企业,克服各种困难、积极生产,超过 2019 年水平。据不完全统计,在解决环境保护问题上,钢结构用水性防腐蚀涂料正在为国家各项重大工程做贡献。根据水性涂料的特点在石油、化工、机械、建筑、和桥梁上的应用在不断扩大。该标准的制定有助于企业组织工艺改进,开发新产品、稳定提高产品质量和工程质量,促进企业走质量效益型发展道路发挥重要作用,同时也为检验部门提供了标准的检验方法。为大力推广政府导向环保绿色的水性涂料,减少污染和雾霾,保护环境做出重大贡献。

5. 水利工程

在支撑农业现代化建设方面,完成《微灌工程技术标准》《农田排水工程技术规范》等标准制修订工作,促进微灌事业健康发展,为现代农业可持续发展提供技术支撑。

在保护与修复生态环境和补足工程短板与提升工程管理质量方面,完成《河湖生态系统保护与修复工程技术导则》《淤地坝技术规范》《堤防工程管理设计规范》等标准的制修订工作,为生态综合效益发挥和水利事业发展提供技术支持。

在深入贯彻空间均衡方针方面,完成《水工隧洞安全鉴定规程》的制修订工作,为保障水工隧洞的长期稳定安全运行提供支撑,在提高水资源调控水平和供水保障能力,保障跨流域调水方面发挥重要作用。

6. 有色金属工程

(1)《有色金属矿山井巷工程质量检验评定标准》YS/T 5435-2020

该标准于2020年12月9日发布，2021年4月1日实施。该标准根据目前有色金属矿山井巷工程的四新技术发展较快的特点与施工质量验收和检验评定的要求，重新划分检验批、分项工程、分部工程和单位工程，并明确具体的名称。在此基础上，明确了质量等级评定的方法、内容、程序和组织，与有色行业的建筑工程、安装工程质量检验评定标准相一致，利于建设单位、监理单位、施工单位和质量监督机构对全国有色金属矿山井巷工程中检验批、分项工程、分部工程、单位工程的质量检验评定。标准的实施将统一和规范有色矿山井巷工程的质量检验和评定的方法、组织和程序，完善和优化有色金属矿山井巷工程的质量检验评定内容，填补国内有色金属矿山井巷工程质量检验评定空白，有利于创建优质工程，对促进有色金属矿山井巷工程质量的稳步提高发挥积极的作用。

（2）《再生铝厂工艺设计标准》T/CNIA 0067-2020

该标准为中国有色工业协会发布的团体标准，结合国内外再生铝行业现状和技术发展趋势，从铝废料分选预处理、熔化、铸造等工艺及设备选择、环保安全设施设计、车间平面布置和智能化设计等方面提出相应规范和标准要求。根据不同产品和不同原料的再生利用，推荐再生铝项目采用相应的先进成熟的工艺设备和技术，提出相关环保和节能设计标准，规范项目建设，从设计本质上提高再生铝项目建设的技术装备水平和行业准入门槛。标准实施后，将对推动再生铝行业技术进步、安全生产、环境保护和节能减排，对提高资源利用效率具有重要意义。

（3）其他行业标准

《工程地质测绘规程》《旁压试验规程》《压水试验规程》3项行业标准为修订标准，是2015年计划项目，此系列标准标龄均为20～30年，本次修订是对近十年来工程地质测绘、旁压试验、压水试验技术实践经验的总结，对有色金属建设工程的岩土工程勘察工作起到规范和指导作用，指导工程技术人员更好掌握旁压、压水试验设备以及工程地质测绘工作方法以及成果分析和应用，更好地为有色金属行业的工程建设服务。

7. 铁路工程

（1）《市域（郊）铁路设计规范》TB 10624-2020

该标准是中国铁路行业工程建设领域重要的基础性标准，在全面总结北京、上海、温州、成都、重庆、天津等城市市域（郊）铁路建设、运营的实践经验和科研成果基础上，坚持问题导向，注重改善乘客体验，满足1小时通勤圈快速通达出行需求编制而成。规定市域（郊）铁路的设计速度、敷设方式、车站分布及车辆类型等，明确桥梁刚度、隧道断面、路基工后沉降、轨道形式及车站建筑规模等，严格控制工程建设标准与投资，为完善铁路技术标准体系，适应新型城镇化发展需求，扩大公共交通服务供给，促进干线铁路、城际铁路、市域（郊）铁路、城市轨道交通"四网融合"，有序推进市域（郊）铁路建设奠定基础。

（2）《铁路桥梁钢管混凝土结构设计规范》TB 10127-2020

该标准是统一铁路桥梁钢管混凝土结构设计技术要求，提高桥梁设计水平的一项重要新编设计规范。全面总结我国铁路钢管混凝土结构桥梁建设运营实践经验，充分借鉴国内外相关标准并开展相关理论研究和试验验证，系统提炼钢管混凝土结构强度计算、刚度计算、节点疲劳强度计算和管内混凝土脱空高度计算等创新成果，规定了铁路桥梁钢管混凝土结构关键技术参数和主要设计原则，为今后铁路桥梁钢管混凝土结构设计提供技术支撑。

8. 电力工程

(1)《电化学储能电站接入电网设计规范》DL/T 5810-2020

该标准对电化学储能电站接入电网的条件、一次系统、二次系统设计等方面作出规范性要求，解决了电化学储能电站接入电网设计方面尚无统一的技术标准问题。有利于提高电化学储能电站的技术管理水平和运行效率，支撑电化学储能电站在电网中安全运行和健康发展。

(2)《电动汽车充换电设施工程施工和竣工验收规范》NB/T 33004-2020

该标准在2013版基础上进行修订，对电动汽车充换电设施工程施工和竣工验收的基本原则、验收内容、验收方法和验收评价方法等内容进行了修订完善。为我国电动汽车充换电设施的工程施工和竣工验收提供技术指导，对于支撑我国电动汽车充换电设施工程建设、统一施工质量检验和验收规范、确保工程质量具有重要意义。

9. 广播电视工程

2020年，修订后的《中、短波广播发射台场地选择标准》予以发布。标准编制组经深入调查研究，认真总结实践经验，在广泛征求意见的基础上，对《中波、短波发射台场地选择标准》GY5069—2001进行了修订。

该标准的主要内容是场地、场地面积及平面布置、场地工程勘察、节目传送与通信、供电、给水排水、交通等。该标准规范了中、短波广播发射台的场地选择，保证了发射台场地的适用、经济和安全，是中、短波广播发射台建设的重要依据。

(二)工程建设行业标准复审情况

1. 城乡建设领域

2020年，住房和城乡建设部对城乡建设领域491项工程建设行业标准进行复审，其中建议修订78项，建议废止5项，转团标4项。

2. 石油天然气工程

2020年，石油天然气工程开展了工程建设行业标准的集中复审工作，对2016年发布实施的行业标准，以及2010年以前发布的推荐性行业标准和现行的所有强制性行业标准进行了复审。

各标准主编单位分别采取了会审、函审和网上审议的方式，按要求对主编的标准进行了复审，经组织单位审核、汇总标准复审材料，并根据主编单位意见结合审核情况给出了组织单位复审意见，复审行业标准70项，其中建议修订19项，建议废止12项。

3. 石油化工工程

中国石油化工集团有限公司组织相关专业技术委员会，结合深化工程建设标准化改革的精神，2020年重点开展了施工标准清理整合工作。对现行行业标准共79项分10个专业进行分析，各专业梳理了施工专业标准规划及整合思路。本着体系健全、专业集中、强化验收、使用便利的原则，研究确定了石油化工工程建设施工标准整合规划方案。除18项施工规程类行业标准已按改革要求转化为企业标准外，对其余相关标准进一步分析需求、查找问题，进行相关联施工标准间的整合、同一应用对象的设计与施工标准一体化整合，施工标准整合后拟保留49项（包括建议修订13项）。复审行业标准79项，其中建议修订 13 项，建议废止 12 项，转企标 18 项。

4. 水利工程

2020 年，水利部进一步探索优化标准复审方式，启动《水利技术标准复审细则》修订完善工作，同时结合《工程建设标准复审管理办法》有关要求，系统梳理实施满五年的工程建设行业标准清单，除正在修订的工程建设标准外，对 26 项工程建设行业标准进行了复审。经复审，建议继续有效《河湖生态保护与修复规划导则》SL 709－2015 等 18 项标准，修订《水利水电工程施工测量规范》SL 52－2015 等 7 项标准，废止《水利建设项目环境影响后评价导则》SL/Z 705－2015。

5. 铁路工程

2020 年，根据《铁路工程建设标准管理办法》规定，严格行业标准编号管理，国家铁路局科技与法制司组织铁路工程建设标准归口管理单位和相关主编单位对铁路工程建设标准进行复审及清理工作，组织专家认真论证，复审工程建设行业标准 30 项，建议局部修订《铁路工程设计防火规范》等 3 项标准，废止《铁路隧道辅助坑道技术规范》等 27 项标准。

6. 广播电视工程

依据机构改革、职能调整的实际情况，广电总局规划财务司会同国家电影行政主管部门，对 13 项涉及电影领域行业标准进行了处理；废止《省级中、短波广播发射台主要技术设备配备定额》GY 29－84 等 8 项行业标准。

7. 粮食工程

2020 年，粮食工程复审行业标准 21 项，其中建议修订 5 项。

（三）标准宣贯培训情况

2020 年，国家铁路局采用网络视频方式，组织开展了《高速铁路安全防护设计规范》《铁路专用线设计规范（试行）》《铁路隧道工程施工安全技术规程》《铁路工程基本作业施工安全技术规程》《铁路路基工程施工安全技术规程》《铁路桥涵工程施工安全技术规程》等标准的宣贯会。铁路工程勘察、设计、施工、运营管理等累计 3400 多名技术和管理人员参加培训。有关专家重点对标准的编制背景、编制原则、主要技术内容、标准使用中需要注意的问题等进行了详细解读，加深了铁路工程参建各方对标准内容的理解，提高了技术和管理人员业务水平，为新标准顺利施行和确保铁路工程质量安全打下坚实基础。

四、行业工程建设标准国际化情况

（一）参与国际标准编制情况

1. 城乡建设领域

近年来，城乡建设领域对于主导制定国际标准的重要性认识不断强化，组织相关标准化技术机构在国际标准化动态跟踪研究、国际标准转化、国际标准归口管理、国内专家参与国际标准制定等方面开展了大量工作，积累了较丰富的经验，在主导制定国际标准方面取得积极突破,由中国主导制定的国际标准数量逐年增加。

2020年,向国际标准化组织提交了《建筑制图》等12项国际标准立项申请,其中《热回收和能量回收通风机—季节性能系数的测试与计算方法—第1部分:热回收机的显热热回收季节性能系数》ISO 5222-1、《废气生物净化设备:污水处理厂除臭应用指南》ISO 23139、《预制结构装配图》ISO 4172、《偏差极限表示》ISO 6284、《总装和构配件图纸表达总则》ISO 7519、与疫情相关技术报告《建筑和土木工程—与突发公共卫生事件相关的建筑弹性策略—相关信息汇编》ISO/TR WD 5202等ISO国际标准与技术报告立项成功,将有效推动我国工程建设技术走向国际。

主导或参与多项ISO国际标准的编制工作,如《旋转式空气动力设备进风过滤系统—试验方法—第7部分:空气过滤抗水雾性能试验方法》ISO 29461-7、《智慧水务管理第一部分:通用导则》ISO 24591-1、《一般通风用空气过滤器—第5部分:平板过滤介质分级效率和空气流动阻力的测量》ISO 16890-5、《清除空气中微粒用高效过滤器和过滤材料—第5部分:过滤元件的测试方法》ISO 29463-5、《工作中过滤器系统可净化过滤材料的取样和试验方法》ISO 22031等。

主导制定的《智慧城市基础设施-数据交换与共享指南》ISO 37156:2020,于2020年2月发布;《智慧城市基础设施-智慧交通之数字支付指南》ISO 37165:2020,于2020年9月发布;《建筑和土木工程的弹性》ISO/TR 22845:2020于2020年8月发布。其中《建筑和土木工程的弹性》ISO/TR 22845:2020是ISO在建筑弹性领域标准框架和系列标准编制的正式启动和第一阶段编制工作,通过广泛调研和资料梳理,在国际范围内对建筑弹性的定义、术语、框架、原则、评估等进行基础性概念建立工作,发挥国际标准的媒介作用,促进建筑弹性理念在技术层面的实施。此次工作组建立和技术报告编制工作,是我国在国际建筑前沿理论的主导性研究和系列标准主导性编制的积极尝试。

2020年在ISO TC 268/SC1/WG4组织下开展《城市治理与服务数字化管理框架与数据》ISO 37170编制工作,目前该标准文稿已进入CD投票阶段,并在国际会议上进行过10余次的国际交流。该标准已被列入住房和城乡建设部标准定额司工程建设标准定额编制及实施监督重点支持项目。

2. 水利工程

联合国工发组织与国际小水电联合会正式发布水利部主导编制的26本小水电国际标准中文版。在南京水利科学研究院成立了国际标准化组织水文测验技术委员会(ISO/TC 113)中国专家组,积极研提国际标准提案。利用中国企业将我国工程技术向国外输出,中国标准应用于我国援建的海外大坝枢纽工程、水电站、供水工程项目等。

3. 铁路工程

铁路工程领域十分重视推进标准国际化相关工作,积极参与国际标准化组织(ISO)、国际电工委员会(IEC)、国际铁路联盟(UIC)等国际标准组织活动,主持或参与标准编制数量日益增多。截至2020年底,中国主持或参与47项UIC标准制修订工作。2020年,主持完成《高速铁路设计——基础设施》和《高速铁路设计——通信信号》两项UIC国际铁路标准的编制,并开展《高速铁路设计——供电》和《高速铁路设计——接口》的编制工作。《高速铁路设计》系列标准以中国高铁标准体系为主体,将高铁设计的原理方法、关键参数指标、装备及产品上升为国际标准,助推中国标准走出去。

4. 有色金属工程

2020 年，中国恩菲工程技术有限公司与南京大学联合主导的《工业冷却水系统中再生水的利用第 1 部分：技术导则》ISO 22449 - 1：2020、《工业冷却水系统中再生水的利用第 2 部分：成本分析导则》ISO 22449 - 2：2020 成功发布，为开拓"一带一路"沿线国家市场提供更加有力的科技支撑，也为推广我国水回用领域先进技术和实践经验、助力我国节能环保产业走向国际舞台奠定了坚实基础。

（二）承担 ISO 秘书处情况

目前，国际标准化组织（ISO）中城乡建设领域由中国承担主席或秘书处的技术机构较少，仅担任建筑施工机械与设备技术委员会（ISO/TC 195）和起重机技术委员会（ISO/TC 96）的主席。在工作组层面，中国专家担任建筑和土木工程—建筑模数协调（ISO/TC 59/WG3）、建筑和土木工程—建筑和土木工程的弹性（ISO/TC 59/WG4）、技术产品文件—建筑文件—包括装配式的建筑工程数字化表达原则（ISO/ TC 10/SC 8/WG 18）等多个工作组召集人。住房和城乡建设及相关领域国际标准化组织技术机构见表 2-18。

城乡建设及相关领域国际标准化组织技术机构　　　　　表 2-18

序号	技术机构	名称
1	ISO/TC 10/SC 8	技术产品文件—施工文件
2	ISO/TC 59	建筑与土木工程
3	ISO/TC 59/SC2	语言的协调和术语化
4	ISO/TC 59/SC13	建筑和土木工程的信息组织和数字化，包含建筑信息模型（BIM）
5	ISO/TC 59/SC14	设计寿命
6	ISO/TC 59/SC15	住宅性能描述的框架
7	ISO/TC 59/SC16	建筑环境的无障碍和可用性
8	ISO/TC 59/SC17	建筑和土木工程的可持续性
9	ISO/TC 59/SC18	工程采购
10	ISO/TC 71	混凝土、钢筋混凝土及预应力混凝土
11	ISO TC 71/SC 1	混凝土试验方法
12	ISO TC 71/SC 3	混凝土生产及混凝土结构施工
13	ISO TC 71/SC 4	结构混凝土性能要求
14	ISO TC 71/SC 5	混凝土结构简化设计标准
15	ISO TC 71/SC 6	混凝土结构非传统配筋材料
16	ISO TC 71/SC 7	混凝土结构维护与修复
17	ISO TC 71/SC8	混凝土和混凝土结构的环境管理
18	ISO/TC 86/SC6	制冷和空气调节—空调器和热泵的试验与评定
19	ISO/TC 96/SC 6	移动式起重机
20	ISO/TC 98	结构设计基础
21	ISO/TC 98/SC 1	术语和标志

序号	技术机构	名称
22	ISO/TC 98/SC 2	结构可靠度
23	ISO/TC 98/SC 3	荷载、力和其他作用
24	ISO/TC 116	供暖
25	ISO/TC 127	土方机械
26	ISO/TC 127/SC 1	安全及机器性能的试验方法
27	ISO/TC 127/SC 2	安全、人类工效学及通用要求
28	ISO/TC 127/SC 3	机器特性、电器和电子系统、操作和维护
29	ISO/TC 127/SC 4	术语、商业规格、分类和规格
30	ISO/TC 142	空气和其他气体的净化设备
31	ISO/TC 144	空气输送和空气扩散
32	ISO/TC 161	燃气和/或燃油的控制和保护装置
33	ISO/TC 162	门窗和幕墙
34	ISO/TC 165	木结构
35	ISO/TC 178	电梯、自动扶梯和自动人行道
36	ISO/TC 179	砌体结构
37	ISO/TC 182	岩土工程
38	ISO/TC 195	建筑施工机械与设备
39	ISO/TC 205	建筑环境设计
40	ISO/TC 214	升降工作平台
41	ISO/TC 224	涉及饮用水供应及废水和雨水系统的服务活动
42	ISO/TC 268/SC 1	智慧社区基础设施
43	TC300	固体回收燃料
44	ISO/PC 318	社区规模的资源型卫生处理系统

(三) 国外标准化研究

1. 铁路工程

在编制国际标准的同时，加强对国际标准的研究工作，2020 年完成《国外工程建设标准动态》(国际标准) 研究报告两期，内容主要涉及 ISO、IEC、UIC 等国际组织的机构设置、机构职能、标准分类、制修订流程、发布信息，以及与铁路有关的发展动态。为掌握世界铁路技术发展动态，优化和完善铁路工程建设标准，扩大铁路影响力，提高国际话语权，更好地推动中国铁路"走出去"提供重要参考。

2. 有色金属工程

2020 年，组织开展了《中国标准走出去海外应用示范》课题研究，课题总结了中国标准在巴布亚新几内亚某有色建设工程应用中所走过的探索历程，结合我国有色金属行业标准化工作开展情况，对中国标准走出去的模式和路径进行了分析，为提升我国标准国际化水平提出了合理的建议。

通过调研巴布亚新几内亚当地矿业政策与标准规范情况，对项目中应用的中外标准差异进行了分析，对相关技术指标进行了比对；同时，选取了项目应用的有代表性的 15 项标准开展实施效果评价，为中国企业在海外工程建设项目开展中国标准推广应用提供了参考借鉴。

3. 核工业工程

2018 年 5 月，经国际标准化组织（ISO）中央秘书处批准，中国与德国共同开启了联合承担核能、核技术与辐射防护技术委员会反应堆技术分委会（ISO/TC 85/SC 6）的联合主席、联合秘书处职责任务。中核战略规划研究总院核工业标准化研究所代表中国国家标准化管理委员会，实际行使中德联合秘书处管理职能。

近 3 年来，中方人员同德方一道，长期致力于反应堆技术领域新国际标准项目立项、编制的促进和推广，推动全球各成员国更加广泛地参与核领域的国际标准化活动，增进分委会开启崭新工作局面。鉴于中德双方的高效且良好合作，结对工作目前已延期至 2023 年（5 年为国际规则下的最长结对时限）。同时，中方秘书处还积极协调国内核企等各相关方，积极主导参与国际化活动，在 2020 年至 2021 年度，已主导发布核领域新国际标准 5 项（当前中国主导的核领域国际标准共 7 项）、正制修订项目 10 项、已提交至国家标准委审核项目 8 项、新提案储备项目 30 余项，已基本形成了可持续、均衡稳步向前推进的"厚积薄发、欣欣向荣"良好局面。

（四）工程建设标准外文版编译情况

1. 城乡建设

持续开展工程建设标准的外文翻译工作，发布了《绿色建筑评价标准》《建筑照明设计标准》等 20 余项英文版标准，为我国企业参与国际市场竞争提供技术支撑。

2. 石油化工工程

按照"一带一路"推动标准国际化的工作构想，英文版标准是必备基础，2020 年，共承担标准英文版编制任务 27 项，年内完成《石油化工钢制设备抗震设计标准》等 8 项国家标准和行业标准英文版的审查。

通过标准国际化发展，不断提高标准技术水平和影响力，更好地服务于工程建设、服务于"走出去"和"一带一路"战略的实施。继续维护"国外标准信息库"，与国外标准化组织沟通，继续为工程技术人员利用国外标准资源提供便利。

3. 电子工程

申请立项了《网络互联调度系统工程技术规范》GB 50953－2014 等 5 项标准中译英项目，对促进电子行业标准国际化及支持"一带一路"倡议有积极的作用。

4. 铁路工程

开展《磁浮铁路技术标准（试行）》《高速铁路安全防护设计规范》等 16 项英文翻译工作，推进标准国际化。发布《铁路建设项目预可行性研究、可行性研究和设计文件编制办法》等 34 项标准外文译本，涵盖铁路建设前期工作，工程勘察、设计、施工、验收等各阶段技术要求；发布《高速铁路设计规范》阿拉伯语、泰语译本，进一步向国际社会分享中国高速铁路建设经验和智慧；发布铁路工程建设标准汉语阿拉伯语、汉语印尼语等词典，为推动铁路"走出去"和促进中外铁路技术交流合作提供有力支撑。

（五）中国工程建设标准推广应用情况

为落实"一带一路"倡议，研究制定中国工程建设标准服务"一带一路"基础设施的指导意见，开展"一带一路"基础设施和城乡规划建设工程标准（城市轨道交通领域）应用情况调研。

基础设施互联互通是"一带一路"建设的优先领域，中国工程标准国际化对服务"一带一路"基础设施建设和城乡规划建设具有重要作用。结合城市轨道交通工程建设标准在调研案例中存在的实际困难和问题，并经过多方的调研、分析，得出对中国工程建设标准本身的建议、对政府推动中国工程建设标准国际化的建议、对行业组织推动中国工程建设标准国际化的建议、对中国工程建设标准宣传及标准信息化共享服务平台的建议，以及对中国城市轨道交通工程建设标准国际化实现路径的建议。

五、行业工程建设标准信息化建设情况

随着信息化技术的迅猛发展，各行业积极探索工程建设标准信息化建设（表2-19），主要通过标准化信息网发布工程建设标准相关动态，部分行业还开办了微信公众号等，快速、高效、高质量解决技术人员标准使用需求。

工程建设标准信息化建设情况

表 2-19

序号	行业	信息化平台/数据库名称（包括公众号、网站、微博等）	是否公开	查阅方式（包括网站链接、公众号名称等）
1	城乡建设领域	国家工程建设标准化信息网	公开	http://www.ccsn.org.cn/
2	石油天然气工程	石油工业标准化信息网	公开	http://www.petrostd.com
3	石油化工工程	中石化标准信息检索系统	公开	https://estd.sinopec.com/
		全国机泵网	公开	http://www.epumpnet.com
		石油化工设备技术	公开	http://syhgsbjs.sei.com.cn
		自控中心站	公开	http://www.cacd.com.cn
4	化工工程	中国石油和化工勘察设计协会官网"标准建设"专栏	公开	http://www.ccesda.com./bzjs/
5	水利工程	水利部国际合作与科技司	公开	http://gjkj.mwr.gov.cn/
		水利行业标准信息化管理系统	公开	
		现行有效标准查询系统	公开	http://gjkj.mwr.gov.cn/jsjd1/bzcx/
6	有色金属工程工程	有色金属工程建设标准化信息管理系统	公开	www.ntsib-nfm.org.cn
7	建材工程	网站	公开	http://www.jcdez.com.cn
		微信公众号	公开	CECS建筑材料分会
		微信公众号	公开	建材标准定额总站
8	铁路工程	铁路技术标准信息服务平台	公开	http://biaozhun.tdpress.com

续表

序号	行业	信息化平台/数据库名称 （包括公众号、网站、微博等）	是否 公开	查阅方式（包括网站链接、 公众号名称等）
9	广播电视工程	国家广播电视总局	公开	http：//www.nrta.gov.cn/
		国家广播电视总局工程建设标准定额管理中心	公开	http：//dinge.drft.com.cn/
10	商贸	商贸分会网站	公开	www.bocat.org.cn
		微信公众号	公开	cecs_ct
11	公路	公路工程技术创新信息平台	公开	http：//kjcg.bidexam.com
		微信公众号	公开	公路工程标准化

第三章

地方工程建设标准化发展状况

一、工程建设地方标准现状

（一）地方标准数量总体现状

1. 现行地方标准数量情况

截至 2020 年底，现行工程建设地方标准 5024 项。各省、自治区、直辖市的现行工程建设地方标准数量见表 3-1 和图 3-1。

现行工程建设地方标准数量（截至 2020 年底）　　　　　　　　　表 3-1

省/自治区/直辖市	数量（项）	比例（%）	省/自治区/直辖市	数量（项）	比例（%）
北京市	374	7.4	河南省	213	4.2
天津市	189	3.8	湖北省	100	2.0
上海市	441	8.8	湖南省	119	2.4
重庆市	252	5.0	广东省	163	3.2
河北省	354	7.0	广西壮族自治区	123	2.4
山西省	176	3.5	海南省	46	0.9
内蒙古自治区	72	1.4	四川省	195	3.9
辽宁省	160	3.2	贵州省	64	1.3
吉林省	119	2.4	云南省	97	1.9
黑龙江省	117	2.3	西藏自治区	23	0.5
江苏省	208	4.1	陕西省	147	2.9
浙江省	214	4.3	甘肃省	169	3.4
安徽省	108	2.1	青海省	62	1.2
福建省	296	5.9	宁夏回族自治区	63	1.3
江西省	58	1.2	新疆维吾尔自治区	111	2.2
山东省	191	3.8	总计	5024	100

2. 2020 年批准发布地方标准数量情况

2020 年全国共发布工程建设地方标准 648 项，见表 3-2。工程建设地方标准发布数量呈现上升的趋势，2005～2020 年工程建设地方标准发布数量见图 3-2。

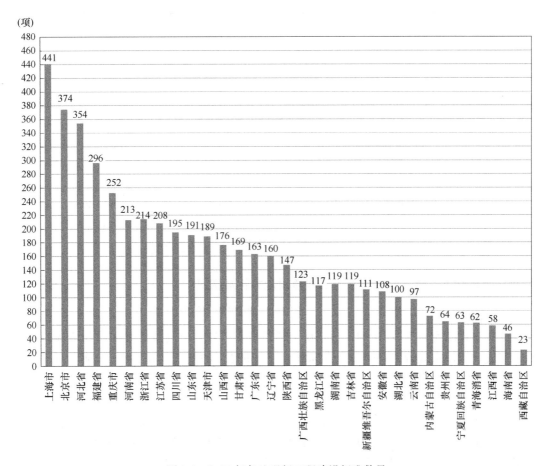

图 3-1　2020 年各地现行工程建设标准数量

2020 年批准发布工程建设地方标准数量（项）　　　　　　表 3-2

省/自治区/直辖市	数量	省/自治区/直辖市	数量
北京市	21	山东省	17
天津市	15	河南省	11
上海市	62	湖北省	10
重庆市	43	湖南省	37
河北省	60	广东省	35
山西省	19	广西壮族自治区	17
内蒙古自治区	4	海南省	8
辽宁省	9	四川省	26
吉林省	15	贵州省	5
黑龙江省	25	云南省	14
江苏省	28	陕西省	13
浙江省	47	甘肃省	22
安徽省	13	青海省	14
福建省	30	宁夏回族自治区	9
江西省	5	新疆维吾尔自治区	14
合计		648	

注：表中数据来源于各地上报材料以及工程建设地方标准备案数据。

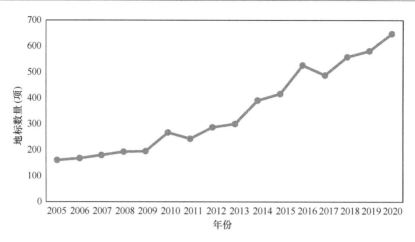

图 3-2　2005～2020 年工程建设地方标准发布数量

（二）部分省、自治区、直辖市工程建设地方标准情况

1. 天津市

2020 年批准发布 15 项标准，包括房屋建筑专业 8 项，市政基础设施专业 7 项。截至 2020 年底，天津市现行工程建设地方标准总计 189 项，包括房屋建筑类 97 项，市政基础设施类 92 项。

2. 上海市

2020 年标准立项工作的重点包括"新基建"、质量安全、绿色建筑与建筑节能、建筑产业化、城市更新、民用建筑防疫短板等方面，下达工程建设地方标准制修订计划共 58 项（含复审修订项目），其中制定标准 21 项、修订标准 37 项，包括规划专业 3 项，交通专业 9 项，绿化专业 4 项，民防专业 3 项，水务专业 7 项，建筑专业 29 项，房管专业 2 项，通信专业 1 项。

2020 年批准发布的工程建设标准共计 62 项，包括规划专业 5 项，交通专业 9 项，绿化专业 3 项，民防专业 2 项，水务专业 4 项，建筑专业 25 项，房管专业 1 项，通信专业 2 项，其他专业 11 项。

3. 重庆市

2020 年，下达工程建设地方标准制修订计划 2 批共 71 项，工程建设地方标准翻译 4 项。2020 年批准发布工程建设地方标准 43 项。

截至 2020 年底，重庆市现行工程建设地方标准 252 项，包括市政基础工程（道桥隧）8 项，工程勘察与地基基础 13 项，轨道交通 16 项，给水排水（含海绵城市）12 项，环境景观 15 项，检测鉴定 10 项，建筑材料 22 项，建筑电气 13 项，消防与装饰装修 13 项，信息化技术 11 项，结构工程 13 项，施工质量与安全 33 项，运维及建设管理 17 项，节能绿建 56 项。重庆市 2016～2020 年发布的工程建设地方标准数量情况见表 3-3。

重庆市 2016～2020 年发布的工程建设地方标准数量情况　　　　表 3-3

年份	2016 年	2017 年	2018 年	2019 年	2020 年
数量	27	29	38	38	43

4. 山西省

紧紧围绕省委省政府安排部署和住建领域重点工作，结合提高建筑品质和绿色发展水平要求，加强重点标准编制工作，将 26 项急需编制标准纳入《全省 2020 年重点标准编制清单》。

2020 年批准发布工程建设地方标准 19 项，其中制定 17 项，修订 2 项，包括勘察设计专业 2 项，质量安全 9 项，节能科技专业 6 项，城乡管理专业 1 项，房地产与村镇建设专业 1 项。

截至 2020 年底，山西省现行工程建设地方标准 176 项，包括勘察设计专业 18 项，质量安全 91 项，节能科技专业 37 项，城乡管理专业 22 项，房地产与村镇建设 8 项。

5. 辽宁省

2020 年下达工程建设地方标准制修订计划 19 项，其中制定 14 项，修订 5 项。涉及城乡建设专业 2 项、信息技术专业 2 项、房屋建筑类专业 15 项，包括建筑节能和绿色建筑 9 项、其他涉及建筑工程施工管理 1 项、建筑结构 1 项、地基基础 1 项、建筑材料 1 项、建筑修缮 2 项。

2020 年批准发布工程建设地方标准 9 项，包括建筑节能专业 3 项，绿色建筑专业 2 项，建筑结构专业 2 项，地基基础专业 2 项，均 100% 应用到相关工程建设领域，为确保工程质量提供了技术支撑。

截至 2020 年底，辽宁省现行工程建设地方标准 160 项。

6. 吉林省

2020 年紧紧围绕绿色建筑和建筑节能、装配式建筑、城市建设发展等重点工作，共发布两批地方标准编制计划共 20 项，其中建筑工程专业 10 项、绿色节能环保专业 4 项、装配式建筑专业 3 项、市政工程专业 3 项。

2020 年发布工程建设地方标准 15 项，包括建筑工程专业 11 项、绿色节能环保专业 2 项、城市路桥与轨道交通专业 2 项。

截至 2020 年底，吉林省现行工程建设地方标准共计 119 项，包括建筑工程专业 82 项、绿色节能环保专业 12 项、市政工程专业 15 项、城市道路桥梁与轨道交通专业 10 项。

7. 江苏省

2020 年共立项工程建设地方标准 21 项，其中制定 11 项，修订 10 项。

2020 年共发布 28 项工程建设地方标准，其中制定 19 项，修订 9 项，包括城市建设 4 项、城市管理 1 项、房屋建筑 13 项、质量与安全 8 项、抗震防灾 2 项。

截至 2020 年底，江苏省现行工程建设地方标准共有 208 项，包括城市规划 2 项、城市建设 29 项、城市管理 12 项、房屋建筑 97 项、房地产 4 项、质量与安全 54 项、抗震防灾 7 项、园林绿化 3 项。

8. 安徽省

2020 年，安徽省工程建设地方标准编制工作突出绿色、智慧、民生，围绕城市基础设施建设、公用事业、绿色节能、装配式和智慧化，立项了《城市生命线工程运行监测技术规范》等 22 项工程建设地方标准，完成编制《叠合板式混凝土剪力墙结构技术规程》等 50 项工程建设地方标准，发布《民用建筑外门窗工程技术标准》等 13 项工程建设地方标准。截至 2020 年底，安徽省现行工程建设地方标准 108 项。

9. 江西省

2020 年围绕城市更新和品质提升等重点工作，共下达 5 项工程建设地方标准编制计划，包括建材应用类 1 项，市政、水务工程类 1 项，轨道交通类 1 项，工程改造、维护与加固类 1 项，工程管理类 1 项。

2020 年批准发布 5 项工程建设地方标准，包括岩土工程与地基基础类 1 项，建筑工程类 1 项，工程防灾类 1 项，绿色建筑与建筑节能类 1 项，工程改造、维护与加固类 1 项。

截至 2020 年底，江西省现行工程建设地方标准共计 58 项，包括岩土工程与地基基础类 1 项，建筑工程类 10 项，市政、水务工程类 7 项，地下空间工程类 1 项，建设工程防灾类 5 项，绿色建筑与建筑节能类 26 项，生态与环境工程类 2 项，燃气、供热、电力类 1 项，建材应用类 2 项，工程改造、维护与加固类 1 项，工程管理类 2 项。

10. 山东省

2020 年列入工程建设标准制修订计划共 50 项，其中制定 32 项，修订 18 项。批准发布工程建设地方标准 17 项，其中制定 15 项，修订 2 项。

2020 年发布的工程建设地方标准数量 17 项，其中制定 15 项，修订 2 项。

截至 2020 年底，山东省现行工程建设标准共计 191 项，体系比例图见图 3-3。包括绿建与节能 44 项，工程质量与安全 57 项，住宅设计类 9 项，管理类 17 项，建筑抗震 3 项，市政与道路 18 项，轨道交通 7 项，装配式建筑 11 项，海绵城市 9 项，村镇建设 2 项，城市供水类 5 项，其他 9 项。

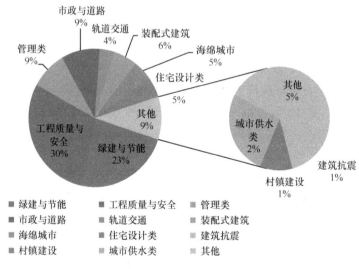

图 3-3 山东省现行工程建设地方标准化系比例图（截至 2020 年底）

11. 湖北省

2020 年湖北省批准发布的工程建设地方标准共计 10 项，包括城镇公共交通专业 1 项、道路与桥梁专业 1 项、风景园林专业 2 项、建筑设计专业 1 项、建筑地基基础专业 1 项、建筑施工质量与安全专业 2 项、信息技术应用专业 2 项。

截至 2020 年底，湖北省现行工程建设标准共计 100 项，包括城乡建设领域 1 项、城镇给水排水专业 2 项、城镇公共交通专业 1 项、道路与桥梁专业 12 项、风景园林专业 5 项、工程勘察测量专业 4 项、建筑产业化专业 6 项、建筑地基基础专业 8 项、建筑环境与节能专业 4 项、建筑结构专业 2 项、建筑设计专业 2 项、建筑施工质量与安全专业 24 项、建筑室内环境专业 8 项、燃气与供热专业 4 项、信息技术应用专业 17 项。

12. 广东省

围绕装配式建筑、建筑节能、绿色建筑、绿色建材、机制砂应用、BIM 技术应用、海绵城市、城市综合管廊、污水垃圾处理、城市轨道交通、市政设施维护、建筑废弃物资源化利用、历史建筑保护、老旧小区改造、无障碍环境建设、工程质量安全、抗震防灾、高质量厂房建设、建筑品质提升、智能建造技术、新冠肺炎疫情防控等方面开展工程建设标准制修订工作，2020 年列入年度标准制修订计划 29 项，其中轨道交通工程 3 项，消防工程 3 项，市政工程 4 项，信息化项目 1 项，勘察设计 15 项，历史建筑保护 3 项。

2020 年发布工程建设地方标准 35 项，其中制定 33 项，修订 2 项。截至 2020 年底，广东省现行工程建设标准 163 项，涵盖房屋和市政基础设施工程设计、施工、检测、验收、评价、改造等工程建设全过程。

13. 广西壮族自治区

根据标准化深化改革的要求，以需求为导向，以政府公益性标准为主，严把立项关，共批准立项 12 项工程建设地方标准，其中制定 4 项，修订 8 项。发布工程建设地方标准 17 项。

14. 海南省

2020 年下达 7 项工程建设地方标准编制任务，其中制定 5 项，修订 2 项。批准发布工程建设地方标准 8 项，涵盖房屋建筑、环境卫生、燃气工程、机电工程和建筑垃圾等领域。截至 2020 年底，海南省现行工程建设地方标准共 46 项。

15. 贵州省

工程建设地方标准制修订工作继续围绕贯彻落实国家节能减排、资源节约利用、生态环境保护等要求，保障工程质量和施工安全的思路开展。下达了《贵州省全装修住宅室内装饰装修标准》《贵州省机关办公用房维修标准》《贵州省建筑信息模型技术应用标准》等 3 项工程建设地方标准编制任务。批准发布了《绿色生态小区评价标准》《贵州省城镇容貌标准》《贵州省全装修住宅室内装饰装修标准》《贵州省党政机关办公用房维修标准》《贵州省党政建筑信息模型技术应用标准》5 项工程建设地方标准。

16. 云南省

2020 年立项工程建设地方标准 26 项，涵盖市政工程、工程质量、建筑节能、绿色建筑、装配式建筑和公路工程等领域。

2020 年批准发布工程建设地方标准 14 项，包括信息应用类 2 项，公路类 2 项，装配式类 2 项，监理类 1 项，广告类 1 项，建筑节能类 2 项，抗震类 2 项，消防类 1 项，地基基础类 1 项。

截至 2020 年底，云南省现行工程建设地方标准共 97 项，包括建材类 10 项，消防类 2 项，公路类 3 项，通信类 2 项，市政类 21 项，建筑节能类 4 项，装配式类 4 项，定额类

8 项，信息应用类 7 项，施工及质量安全类 35 项，广告类 1 项。

17. 青海省

2020 年立项工程建设地方标准 14 项，其中制定 8 项，修订 3 项，包括建筑工程类（含绿色建筑与建筑节能）9 项，城乡建设类 2 项。

2020 年批准发布工程建设地方标准 14 项，包括城乡建设专业 7 项，工程安全专业 2 项，建筑工程专业 5 项。

截至 2020 年底，青海省现行工程建设地方标准共 62 项，包括建筑工程专业 31 项，城乡建设专业 16 项，工程安全专业 2 项，工程管理与服务专业 1 项，建材应用专业 12 项。

18. 新疆维吾尔自治区

2020 年立项工程建设地方标准 26 项。批准发布工程建设地方标准 14 项，包括勘察设计 1 项施工 5 项，验收 1 项，检测 1 项，管理 6 项。

截至 2020 年底，新疆维吾尔自治区现行工程建设地方标准 111 项，包括勘察设计类 28 项，施工类 37 项，验收类 5 项，检测类 7 项，管理类 34 项。

二、工程建设地方标准管理情况

（一）工程建设地方标准管理机构现状

各省、自治区和直辖市的住房和城乡建设主管部门是本行政区工程建设地方标准化工作的行政主管部门，其具体业务一般由标准定额处、建筑节能与科技处等相关处室承担。部分省、自治区和直辖市的工程建设标准化工作由其他地方建设行政主管部门归口管理，同时成立具有独立法人地位的事业单位，对本区域内的工程建设标准化工作实行统一管理。详见表 3-4。

近年来，在标准化改革和各地机构调整的影响下，各地方工程建设地方标准的管理模式略有不同，如在工程建设地方标准立项、发布方面，分为六种模式：一是由省、自治区住房和城乡建设厅或直辖市住房和城乡建设委员会单独立项并单独发布，如河北省、广西壮族自治区、上海市等 19 个省、自治区、直辖市；二是由省、自治区住房和城乡建设厅单独立项，并与省、自治区市场监督管理局联合发布，包括陕西省、甘肃省、吉林省、江苏省、宁夏回族自治区；三是省住房和城乡建设厅和省市场监督管理局（或省市场监督管理厅）联合立项并联合发布，包括青海省、山东省、辽宁省、黑龙江省；四是省或直辖市市场监督管理局立项，并与省住房和城乡建设厅或直辖市住房和城乡建设委员会或规划和自然资源委员会联合发布，包括湖北省、北京市等；五是由省市场监督管理局单独立项并单独发布，包括安徽省。详见表 3-4。

（二）工程建设地方标准化管理制度

北京、上海、安徽、海南、新疆等 22 个省、自治区、直辖市相继印发了工程建设地方标准管理办法或实施细则（表 3-5），基本形成了比较完善的工程建设标准化的法规制度体系。

表 3-4

工程建设地方标准管理机构

序号	省（区、市）	标准立项部门	标准批准发布部门	标准备案部门	管理机构		相关支撑机构
					住建厅（委）/规 自委主管处室		
一、单独立项、单独发布							
1	天津市	市住房和城乡建设委员会	市住房和城乡建设委员会	住房和城乡建设部	标准设计处		天津市绿色建筑促进发展中心
2	上海市	市住房和城乡建设委员会	市住房和城乡建设委员会	住房和城乡建设部	标准定额管理处		市建筑建材业市场管理总站
3	重庆市	市住房和城乡建设委员会	市住房和城乡建设委员会	住房和城乡建设部	科技外事处		市建设技术发展中心
4	河北省	省住房和城乡建设厅	省住房和城乡建设厅	住房和城乡建设部	建筑节能与科技处		省建设工程标准编制研究中心
5	山西省	省住房和城乡建设厅	省住房和城乡建设厅	住房和城乡建设部	标准定额处		省建设数据服务中心
6	内蒙古自治区	自治区住房和城乡建设厅	自治区住房和城乡建设厅	住房和城乡建设部	标准定额处		自治区建设工程定额总站
7	浙江省	省住房和城乡建设厅	省住房和城乡建设厅	住房和城乡建设部	科技设计处		省标准设计站
8	福建省	省住房和城乡建设厅	省住房和城乡建设厅	住房和城乡建设部	科技与设计处		无
9	江西省	省住房和城乡建设厅	省住房和城乡建设厅	住房和城乡建设部	建筑节能与设计处		省建筑设计办公室
10	河南省	省住房和城乡建设厅	省住房和城乡建设厅	住房和城乡建设部	科技与标准处		省建筑工程定额站
11	湖南省	省住房和城乡建设厅	省住房和城乡建设厅	住房和城乡建设部	建筑节能与科技处		无
12	广东省	省住房和城乡建设厅	省住房和城乡建设厅	住房和城乡建设部	科技信息处		省建设科技与标准化协会

续表

序号	省（区、市）	标准立项部门	标准批准发布部门	标准备案部门	管理机构	
					住建厅（委）/规自委主管处室	相关支撑机构
13	广西壮族自治区	自治区住房和城乡建设厅	自治区住房和城乡建设厅	住房和城乡建设部	标准定额处	无
14	海南省	省住房和城乡建设厅	省住房和城乡建设厅	省住建厅报省司法厅备案获批准后，再报住房和城乡建设部备案	无	省建设标准定额站
15	四川省	省住房和城乡建设厅	省住房和城乡建设厅	住房和城乡建设部	标准定额处	省工程建设标准定额站
16	贵州省	省住房和城乡建设厅	省住房和城乡建设厅	住房和城乡建设部	建筑节能科技处	无
17	云南省	省住房和城乡建设厅	省住房和城乡建设厅	住房和城乡建设部	科技与标准定额处	省工程建设技术经济室
18	西藏自治区	自治区住房和城乡建设厅	自治区住房和城乡建设厅	住房和城乡建设部	科技节能和设计标准定额处	无
19	新疆维吾尔自治区	自治区住房和城乡建设厅	自治区住房和城乡建设厅	住房和城乡建设部	标准定额处	自治区建设标准服务中心
二、单独立项、联合发布						
20	吉林省	省住房和城乡建设厅立项，并抄送省市场监督管理厅	省住房和城乡建设厅和省市场监督管理厅	报住房和城乡建设部备案，并报省市场监督管理厅存档	勘察设计与标准定额处	省建设标准化管理办公室
21	江苏省	省住房和城乡建设厅	省住房和城乡建设厅和省市场监督管理局	住房和城乡建设部	绿色建筑科技处	省工程建设标准站
22	陕西省	省住房和城乡建设厅	省住房和城乡建设厅和省市场监督管理局	住房和城乡建设部	标准定额处	省建设标准设计站
23	甘肃省	省住房和城乡建设厅	省住房和城乡建设厅和省市场监督管理局	住房和城乡建设部	无	省工程建设标准管理办公室

续表

序号	省（区、市）	标准立项部门	标准批准发布部门	标准备案部门	管理机构	
					住建厅（委）/规主管处	相关支撑机构（非法人机构）
24	宁夏回族自治区	自治区住房和城乡建设厅立项，并报备自治区市场监管厅	自治区住房和城乡建设厅和自治区市场监督管理厅	分别报住房和城乡建设部和自治区市场监管厅备案	标准定额处	自治区工建建设标准管理中心
三、联合立项、联合发布						
25	辽宁省	省住房和城乡建设厅和省市场监督管理局	省住房和城乡建设厅和省市场监督管理局	住房和城乡建设部	建筑节能与科学技术处	无
26	黑龙江省	省住房和城乡建设厅和省市场监督管理局	省住房和城乡建设厅和省市场监督管理局	分别报住房和城乡建设部和省市场监管局备案	建设标准科技处	工程建设标准化技术委员会（非法人机构）省站
27	山东省	省住房和城乡建设厅和省市场监督管理局	省住房和城乡建设厅和省市场监督管理局	住房和城乡建设部	无	省工程建设标准定额站
四、市场监管局立项、联合发布						
28	北京市住房和城乡建设委员会	市市场监督管理局	市市场监督管理局和市住房和城乡建设委	住房和城乡建设部	科技与村镇建设处	无
29	北京市规划和自然资源委员会	市市场监督管理局	市市场监督管理局和市规划和自然资源委	住房和城乡建设部	城乡规划标准化办公室	无
30	湖北省	省住房和城乡建设厅和省市场监督管理局	省住房和城乡建设厅和省市场监督管理局	省住房和城乡建设厅和省市场监督管理局分别报住房和城乡建设部和国家市场监督管理总局	勘察设计处	省建设工程标准定额管理总站
31	青海省	省市场监督管理局	省住房和城乡建设厅和省市场监督管理局	住房和城乡建设部	建筑节能与科技处	省工程建设标准服务中心
五、市场监管局立项、市场监管发布						
32	安徽省	省市场监督管理局	省市场监督管理局	住房和城乡建设部	标准定额处	省工程建设标准设计办公室

工程建设地方标准管理制度 表 3-5

序号	省/直辖市/自治区	管理制度
1	北京	《北京市工程建设和房屋管理地方标准化工作管理办法》（京建发〔2010〕398 号）
2	天津	《天津市工程建设地方标准化工作管理规定》（津政办发〔2007〕55 号）
3	上海	《上海市工程建设地方标准管理办法》（沪建标定〔2016〕1203 号）
4	重庆	《关于加强工程建设标准化工作管理的通知》（渝建发〔2009〕61 号）
		《重庆市实施工程建设强制性标准监督管理办法》（渝建发〔2011〕50 号）
		《重庆市工程建设标准化工作管理办法》（渝建标〔2019〕18 号）
		《重庆市建设领域新技术工程应用专项论证实施办法（试行）》（渝建〔2019〕365 号）
		《重庆市建设领域禁止、限制使用落后技术通告》（2019 年版）（渝建发〔2019〕25 号）
5	河北	《河北省工程建设标准管理规定》
		《河北省房屋建筑和市政基础设施标准管理办法》（省政府〔2019〕第 3 号令）
6	山西	《山西省工程建设领域地方标准编制工作规程》（晋建标字〔2017〕88 号）
7	辽宁	《辽宁省地方标准管理办法》
		《辽宁省专业标准化技术委员会管理办法》
8	吉林	《吉林省工程建设标准化工作管理办法》（吉建办〔2010〕9 号）
9	黑龙江	《黑龙江省工程建设地方标准编制修订工作指南》
10	江苏	《江苏省工程建设地方标准管理办法》（苏建科〔2006〕363 号）
11	浙江	《浙江省工程建设标准化工作管理暂行办法》（浙建法〔2006〕27 号）
		《浙江省工程建设地方标准编制程序管理办法》（浙建设〔2008〕4 号）
12	安徽	《安徽省工程建设标准化管理办法》（建标〔2017〕266 号）
		《关于加强工程建设强制性标准实施监督的通知》（建标函〔2017〕616 号）
		《安徽省工程建设地方标准制定管理规定》（建标〔2018〕114 号）
		《安徽省工程建设团体标准管理暂行规定》（建标〔2019〕90 号）
13	福建	《福建省工程建设地方标准化工作管理细则》（闽建科〔2005〕20 号）
14	江西	《关于进一步加强工程建设地方标准管理的通知》（赣建科设〔2020〕53 号）
15	山东	《山东省工程建设标准化管理办法》（山东省人民政府令第 307 号）
		《山东省工程建设标准编制管理规定》鲁建标字〔2011〕8 号
16	河南	《河南省工程建设地方标准化工作管理规定实施细则》（豫建设标〔2004〕96 号）
17	湖南	《湖南省工程建设地方标准化工作管理办法》（湘建科〔2010〕245 号）
		《湖南省工程建设地方标准编制工作流程》（湘建科〔2012〕192 号）
18	广东	《广东省工程建设地方标准编制、修订工作指南》
19	广西	《广西工程建设地方标准化工作管理暂行办法》（桂建标〔2008〕10 号）
20	海南	《海南省工程建设地方标准化工作管理办法》（琼建定〔2017〕282 号）
		《海南省工程建设地方标准制（修）订工作规则》
21	四川	《四川省工程建设地方标准管理办法》（川建发〔2013〕18 号）
22	贵州	《贵州省工程建设地方标准管理办法》（黔建科标通〔2007〕476 号）

续表

序号	省/直辖市/自治区	管理制度
23	陕西	《关于加强工程建设标准化发展的实施意见》（陕质监联〔2015〕12号）
24	青海	《青海省工程建设地方标准化工作管理办法》（青建科〔2014〕572号）
25	宁夏	《宁夏回族自治区工程建设标准化管理办法》（政府令第79号）
26	新疆	《新疆维吾尔自治区工程建设标准化工作管理办法》（新建标〔2017〕12号）

三、工程建设地方标准编制工作情况

（一）重点地方标准编制工作情况

1. 天津市

落实"京津冀协同工程建设标准框架合作协议"精神，努力推动区域协同工程建设标准（2019～2021年）合作项目清单中，海绵城市、绿色建筑和超低能耗建筑、建筑工业化、城市综合管廊、施工安全等五个领域协同标准合作编制。

（1）发布实施京津冀标准

发布《城市综合管廊监控与报警系统安装工程施工规范》《城市综合管廊工程资料管理规程》《城市综合管廊运行维护技术标准》京津冀区域协同工程建设标准，建成京津冀综合管廊标准体系。发布京津区域协同标准《超低能耗居住建筑设计标准》，推动了京津地区建筑节能技术一体化，促进了京津地区母婴设施高质量建设，切实落实以人民为中心的发展思想。

（2）推动京津冀标准联合编制

为落实京津冀区域协同工程建设标准（2019～2021年）合作项目计划要求，在绿色建筑和超低能耗建筑、建筑工业化、施工安全等领域开展标准编制，会同北京市、河北省完成《预制构件质量检验标准》《装配式混凝土结构工程施工与质量验收规程》《模板早拆施工技术规程》《电梯井道作业平台技术规程》《全钢大模板应用技术规程》等5项京津冀标准的联合审查，对于实现2021年建成京津冀装配式建筑标准体系打下坚实基础。完成《建筑门窗工程技术规范》标准初审和多次召开《绿色建筑评价标准》《绿色建筑设计标准》《装配式建筑施工安全技术规范》等10余项标准三地研讨会或视频会议，进一步统一技术要求，实现标准协同。

（3）深化推动三地标准合作

在做好京津冀区域协同工程建设标准（2019～2021年）合作项目计划基础上，继续扩大京津冀标准合作范围，在轨道交通领域、BIM技术应用领域开展京津冀标准合作，启动《轨道交通信息模型设计交付标准》编制，研究《装配式整体式剪力墙结构设计标准》等全新领域标准合作编制，进一步实现了标准管理理念协同、技术要求协同，京津冀标准由点到线、由线到面，体系不断扩大。

2. 上海市

（1）《文明施工标准》DG/T J08-2102-2019

2020年3月1日正式实施的《文明施工标准》，在原标准的基础上，结合上海市在文明工地创建活动中可借鉴、可推广、可复制的实践成果，强化上海城市精细化管理，提升上海城市环境质量，改善市民生活环境，扩大了适用范围，提高了设施标准，注重人员特征识别，提倡信息化管理，强化安全保障，增加了应对突发公共卫生事件的相关技术条款及其他专业文明施工创建的基本内容。该标准具有普及性、可行性和前瞻性。

(2)《绿色建筑评价标准》DG/T J08-2090-2020

作为建筑业践行绿色发展理念的重要载体，《绿色建筑评价标准》的发布，对落实建设领域绿色发展意义重大。该标准在全寿命周期里，节约资源、保护环境、减少污染，提供健康、适用、高效的使用空间；充分调研了国内外绿色建筑标准体系发展和实践经验，总结了上海气候资源条件和城市建设发展特征；兼顾性能提升和用户感知，增设了设施可靠、人车分流、水质保障、健身场地、车位配置、充电设施等评价指标；提出竣工评价和运行评价合理兼容但适度差异化的操作要求，对接了上海绿色建筑财政扶持政策，更有效地保障绿色建筑性能的实现。围绕绿色建筑指标的适用性、地方特色的体现性、评价方法的操作性开展修订《绿色建筑评价标准》，增强"以人民为中心"的新时期绿色建筑核心理念，更有效地保障绿色建筑性能的实现。

3. 重庆市

《老旧小区改造提升技术标准》的发布将为老旧居住小区改造提升提供有效的技术依据和支撑，有效改善老旧小区居民的居住条件和生活品质，提高小区群众的获得感、幸福感、安全感。充分发挥标准对产业培育和重点工作的支撑作用，发布《绿色轨道交通技术标准》《装配式钢结构建筑技术标准》等标准。为实施建设智慧城市，促进行业与大数据智能化深度融合，发布《住宅区和住宅建筑内通信配套设施建设技术标准》等标准。为全面提升住宅性能指标，发布《轻质石膏楼板顶棚和墙体内保温工程技术标准》《节能彩钢门窗应用技术标准》等标准。为提升城市综合品质，发布《海绵城市建设项目评价标准》《绿地草坪建植和养护技术标准》《山地城市污水管网建设技术标准》等标准。

4. 山西省

"8·29"襄汾县饭店坍塌重大事故发生后，按照省委、省政府统一安排，组织专家编制《农村宅基地自建住房技术指南（标准）》，进一步明确了农村自建房建设技术要求，规范农村建房活动；根据山西省政府《关于加快推进5G产业发展的实施意见》，组织编制《建筑物移动通信（5G）基础设施建设标准》，明确了新建、扩建和改建的居住建筑、公共建筑、工业建筑要将5G通信设施建设纳入配套建设的技术要求；突出行业发展需求导向，组织编制了城市轨道交通BIM应用4个系列标准，为提高山西省城市轨道交通建设和运营维护信息化水平提供了技术支撑；煤气泄漏3人死亡事件发生后，组织专家编写发布了《城镇燃气居民及商业用户室内工程设计标准》。

5. 辽宁省

批准发布的《绿色建筑施工技术与验收规程》DB21/T 3284-2020和《辽宁省绿色建筑设计标准》DB21/T 3354-2020，是《辽宁省绿色建筑条例》颁布实施以来，针对绿色建筑制定的2项地方标准，有效规范辽宁省的绿色建筑设计和施工，对确保绿色建筑工程质量起到至关重要的作用，也是践行高质量低碳发展的重要技术保障。

6. 吉林省

为贯彻落实绿色发展理念，推进绿色建筑高质量发展，节约资源，保护环境，满足人民日益增长的美好生活需要，结合吉林省的气候、资源、建筑业发展等具体情况，对《绿色建筑评价标准》进行了修订，对评估建筑绿色程度、保障绿色建筑质量、规范和引导吉林省绿色建筑健康发展发挥重要作用。

7. 江苏省

（1）《住宅设计标准》DB32/3920－2020

为切实保护人民生命安全和身体健康，针对新冠肺炎疫情应对中住宅设计暴露出的短板和不足，省住房城乡建设厅快速启动了省地方标准《住宅设计标准》修订工作。通过对住宅的全寿命、全过程、全员进行分析和研究，进一步优化和完善了住宅户型、通风、排水、室内空气质量、热环境、声环境、智慧等设计要求。标准实施后，将进一步推动江苏从"住有所居"向"住有宜居"迈进，不断增强人民群众的获得感、幸福感和安全感。

（2）《绿色建筑设计标准》DB32/3962－2020

该标准适用于江苏省新建民用建筑绿色设计，规定了绿色建筑策划与设计流程、场地设计、建筑设计、结构设计、暖通空调设计、给水排水设计、电气设计、智能化设计、室内装饰装修设计及景观环境设计等内容。为应对新冠肺炎疫情防控需要，此次修订专门将"人员密集的公共场所应设置室内空气质量监测装置，并应在建筑主要出入口和相应监测楼层实时公告监测数据"增设为强制性条文。

（3）《江苏省装配式建筑综合评定标准》DB32/T 3753－2020

根据江苏省装配式建筑发展现状，构建了装配式建筑评价指标体系，细化并完善了预制装配率计算方法，适用于江苏省民用装配式建筑的综合评定，提高了装配式建筑评价的可操作性。该标准贴合江苏省"三板"先导的建筑产业现代化技术路径，统一装配式建筑目标任务考核、省级示范工程创建和扶持政策等工作的技术要求，引导装配式建筑、绿色建筑、数字建造、成品住房技术的融合联动，推动装配式建筑从设计到施工安装全产业链技术发展，提升建筑部品部件品质，有力推动建筑业转型升级。

8. 安徽省

（1）《住宅区和住宅建筑通信设施技术标准》DB34/T 917－2020

为落实国家城市更新相关政策，加快推进住宅区和住宅建筑通信基础设施的规范化和集约化建设，避免重复建设和资源浪费，全面推进共建共享建设，实现资源共享，满足居民对现代通信业务的需求，保障居住者的合法权益，修订《住宅区和住宅建筑通信设施技术标准》。根据国家新基建的相关政策，全面落实光纤到户的具体工作要求；参照国家、行业和长三角地区在住宅和通信设施领域现行标准，与地方标准的主要技术规定进行协调统一；充分调研安徽省通信设施的现有情况，对存在的问题进行总结，吸取好的经验做法，统一安徽省住宅区和住宅建筑通信设施建设标准，规范各方在住宅区和住宅建筑通信设施建设行为，通过大量调研并结合工作实践经验，保证该标准的经济性、适用性、科学性、先进性。

（2）《叠合板式混凝土剪力墙结构技术规程》DB34/T 810－2020

《叠合板式混凝土剪力墙结构技术规程》自 2009 年应用至今，为促进安徽省装配式建筑事业的发展，推动安徽省、长三角区域乃至我国的住宅产业化起到很好的示范作用。为满足国家现行技术标准和实际工程中的设计、施工和质量验收要求，根据国家新的大规范对其技术水平、指标参数进行调整和修订，针对规程使用情况进行广泛的调查，认真总结实践经验，参考相关国内外先进标准和试验研究，修订《叠合板式混凝土剪力墙结构技术规程》，并于 2020 年 6 月 22 日发布。该标准的发布和实施，将很好地解决装配式混凝土剪力墙结构体系中的叠合板式剪力墙结构的设计、施工、安装等规范依据问题，具有很好的适用性，将会极大地促进安徽省装配式结构事业的发展，带来显著的经济和社会效益。

(3)《工程建设场地抗震性能评价标准》DB34/T 5008 - 2020

按照场地抗震性能评价工作的内在逻辑对国家和行业标准中关于场地抗震性能评价的内容进行编排，对其原则性的要求或某些未涉及的方面作出适合在安徽省内使用的具体规定，并在地形地貌工程地质特殊地质条件等方面反映出安徽省的特点，成为指导省内工程场地抗震性能评价工作的实用标准。因此，修订《工程建设场地抗震性能评价标准》，并于 2020 年 8 月 3 日发布。

9. 江西省

围绕既有住宅加装电梯工作编制《江西省既有多层住宅加装电梯工程技术标准》等标准。出台行业急需的相关标准，如《消防设施物联网系统设计施工验收标准》等标准。为推动江西省重点工作，加快推进省移动通信网络规划建设编制《江西省建筑物移动通信基础设施建设标准》。

10. 山东省

围绕住建领域重点工作，服务于装配式建设、老旧小区改造、建筑工程品质提升，审查发布 17 项工程建设地方标准。其中，《既有居住建筑加装电梯附属建筑工程技术标准》为老旧小区改造和无障碍环境建设提供有力的技术保障；《住宅工程质量常见问题防控技术标准》对住宅工程质量常见问题的设计防控措施作出具体规定，明确问题防控责任人；《建筑施工现场管理标准》引导建筑施工现场管理科学化、规范化和标准化发展；《城市轨道交通工程沿线既有建（构）筑物鉴定评估技术规程》和《城市轨道交通工程安全资料管理标准》助力济南市、青岛市轨道交通工程高质量发展；《建设工程造价数据交换及应用标准》为提高招投标信息化管理水平、开展工程造价大数据应用提供基础的技术支撑；《装配式混凝土结构钢筋套筒灌浆连接应用技术规程》进一步完善山东省装配式混凝土结构标准体系。

11. 广东省

(1) 疫情防控方面

及时总结工程建设行业防疫抗疫经验，组织对涉及排水管网相关内容的现行和在编广东省工程建设标准进行系统梳理，结合疫情防控要求对《城镇污水处理设施通风与臭气处理技术标准》等 11 项标准中与排水通风有关的内容进行优化完善，提升病毒隔离效果，力求从源头上杜绝粪口传播。

(2) 老旧小区改造方面

出台《既有建筑改造技术管理规范》《既有建筑混凝土结构改造设计规范》《既有建筑

地基基础检测技术规范》3项地方标准，涵盖既有建筑改造基础检测、勘察、设计、施工运营维护全过程的技术管理要求，对涉及结构安全的改造行为进行规范，保障老旧小区改造结构安全。

（3）宜居环境建设方面

出台《宜居社区建设评价标准》《广东省绿色建筑设计规范》《广东省公共建筑节能设计标准》，推进《广东省既有建筑绿色改造技术规程》《既有建筑改造绿色评价标准》等地方标准编制，为绿色建筑和宜居社区建设、建筑绿色化改造、建筑节能等提供技术支撑。

（4）历史建筑保护利用方面

发布实施《广东省历史建筑数字化技术规范》和《广东省历史建筑数字化成果标准》，推进《历史建筑与传统风貌建筑评价标准》《历史建筑修缮与加固技术标准》《历史建筑安全排查与评估技术标准》等地方标准编制，对历史建筑安全评估和修缮、加固、评价、数字化等技术要求进行规范。

12. 广西壮族自治区

结合广西地区的地域特点、地理位置、气候特点和环境条件，编制了《地下工程混凝土结构耐久性设计规程》，不仅规定了一般环境、化学腐蚀环境和氯化物环境条件下地下工程混凝土结构的环境作用等级和耐久性设计要求，而且规定了地下工程混凝土的耐久性评价项目、地下工程混凝土结构防腐蚀附加措施，以及氯化物环境地下工程混凝土结构的设计使用年限校验和耐久性定量设计方法，有效解决了当前制约地下工程混凝土结构耐久性设计的关键瓶颈问题，有助于提升广西地区地下工程混凝土结构的耐久性设计水平，对创建资源节约型、环境友好型社会具有重要意义。

13. 海南省

（1）《建筑钢结构防腐技术标准》DBJ 46-057-2020

针对海南省热带季风海洋性气候特点开展的钢结构防腐研究和技术标准制定。根据海南省各地腐蚀特征，划分为离岸、近岸和岛陆三个腐蚀体系，并针对不同的腐蚀体系，分别制定相应的防腐蚀方案，针对性强；对海南省岛陆体系室外大气腐蚀进行分区，以乡镇为单位绘制了腐蚀分区地图；对腐蚀体系（离岸/近岸/岛陆）、腐蚀区域（大气/水/土壤/室内/室外/特殊场景等）、腐蚀等级分类（C2/C3/C4/CX/Im2/Im3/Im4）、防腐体系耐久性年限要求（M/H/VH）四种要素排列组合，不同使用场景下分别给出相应的防腐蚀方案，可操作性佳。

（2）《生活垃圾转运及处理设施运行监管标准》DBJ 46-056-2020

结合海南省存在生活垃圾填埋场满负荷运行、渗沥液处理站化学需氧量和氨氮严重超标排放等环境问题，依据生活垃圾全焚烧时代的特点对《海南省生活垃圾转运及处理设施运行监管标准》进行修订，更加适应海南省的实际情况，更加符合国家生态文明实验区的建设。

14. 贵州省

2020年，贵州省工程建设地方标准制修订工作继续围绕贯彻落实国家节能减排、资源节约利用、生态环境保护等要求，保障工程质量和施工安全的思路来开展。批准发布《绿色生态小区评价标准》《贵州省城镇容貌标准》《贵州省城市轨道交通岩土工程勘察规范》《州省装配式建筑评价标准》《贵州省建筑信息模型技术应用标准》5 项工程建设地方标准。

15. 云南省

《云南省工程建设材料及设备价格信息数据采集与应用标准》DBJ53/-100-2020，统一了全省工程建设材料及设备价格信息数据采集、测算、编制、管理、发布模式，引导建筑市场主体对建材价格的变化进行有效管理和控制，为云南省工程造价领域提供稳定发展的保障。对建设行业提升价格信息工作标准化的准确性和统一性有着积极影响，有助于行业主管部门对工程建设行业的宏观管理与调控。

16. 青海省

积极推进工程建设地方标准制修订工作，围绕绿色建筑、装配式建筑、城市精细化管理、老旧小区改造等行业重点任务，研究编制了《青海省城镇老旧小区改造标准》《青海省绿色建筑设计标准》等 11 项标准。加强高原美丽城镇示范省标准体系研究，编制完成《高原美丽城镇建设标准》《高原美丽乡村建设标准》，积极推进《青海省城镇体检评估标准》《高原美丽城市标准》编制。

17. 新疆维吾尔自治区

为推进自治区 5G 网络建设，发布了《建筑物通信基础设施建设标准》；为推进居住小区高质量发展，完善自治区既有住宅使用功能，指导既有住宅加装电梯改造工作，发布了《既有住宅加装电梯工程设计指导（构造选例）》《既有住宅加装电梯工程建设技术导则（试行）》；为提升农村人居环境水平，发布了《农村生活垃圾收集转运和处置体系建设标准》《农村村容村貌整治技术导则》；针对社会群众高度关注的住宅质量、小区安全以及小区配套无障碍设施、便民服务设施建设等问题，聚焦提升我区城市宜居环境质量，规范自治区住宅及小区建设，组织编制完成《住宅设计标准》。

（二）复审清理情况等

1. 天津省

对 2015 年发布实施的 17 项工程建设地方标准进行复审，合理界定地方标准的范围，突出其政府公益属性，减少地方标准之间的交叉重复矛盾，减少地方标准与国家标准之间交叉重复矛盾，逐步精简地方标准数量和规模，以国家标准体系为基础，突出拾遗补缺、地方特色。对于与国家标准交叉重复矛盾的及时废止，对于某些应交由市场主体制定的标准，及时废止或转化为市场标准，以发挥市场在标准配置中的决定性作用。确定继续有效 6 项，修订 7 项，废止 4 项。

2. 上海市

对新编或修订实施后已满 3 年，以及复审后列入"继续有效"满 3 年的 68 项现行上海市工程建设标准进行了复审，最终确定继续有效 30 项，修订 30 项，废止 8 项。

3. 重庆市

针对 2020 年 11 月前发布实施的 309 项工程建设地方标准进行复审，结合《重庆市工程建设标准体系》将其分为建筑节能与绿色建筑、市政基础工程（道桥隧）等 14 个专业类别，对各类别标准精简合并，修订更新。复审结果继续有效 151 项，修订 101 项，废止 57 项。

4. 江苏省

为了使工程建设地方标准与国家、行业标准保持良好的协调性，为工程建设地方标准体系不断完善提供保障，对 2015 年批准以前实施的 28 项标准开展复审工作，确定继续有效 16 项，修订 10 项，废止 2 项。

5. 安徽省

组织对 113 项安徽省工程建设地方标准和工程建设标准设计进行复审，形成复审评估报告。继续有效 31 项，占比 27.43%，修编 62 项，占比 54.86%，建议废止 20 项，占比 17.70%，建议转团体标准 6 项，占比 5.45%。总体上，可操作性、协调性较强，适用性较好，有一批地方文化特色显著或技术先进或具有管理特色的项目，基本能满足安徽省工程建设需求。在合法合规性方面表现较好，基本没有妨碍市场运行行为。在先进性特色性方面表现尚可，主要表现在有一批地方文化特色显著的地方标准，在节能方面和管理方面也有一批特色显著的地方标准，但是在技术质量层面先进的偏少，需要加强技术先进研究；在使用情况调研中可以看到推广状况不太令人满意，使用率高的大部分是地方管理需求高的和技术先进的。特别是标准设计，使用率普遍偏低。

6. 江西省

根据《关于进一步加强工程建设地方标准管理的通知》要求，对江西省实行时间超过 5 年的工程建设地方标准进行了清理，共 6 项标准，复审结果均为修订。

7. 山东省

2020 年继续加大复审力度，缩减现有地方标准数量，优化地方标准体系。印发《关于开展 2020 年度山东省工程建设标准复审工作的通知》，对 2015 年 12 月以前批准实施以及 2015 年 12 月以后批准实施，但因现行的法律法规、国家标准和行业标准等发生变化而不适用的 57 项山东省工程建设标准进行复审。最终确定 14 项继续有效、32 项修订、9 项废止、2 项可转化成团体标准。

8. 海南省

对已满 5 年的 3 项地方标准进行复审，结论均为修订。

9. 贵州省

对 4 项工程建设地方标准开展了复审工作，继续有效 1 项，建议废止 3 项。

10. 云南省

对 2015 年发布的 7 项工程建设地方标准进行复审，并确认继续有效。

11. 青海省

对 37 项工程建设地方标准进行了复审，继续有效 2 项，修订 17 项，废止 18 项。

12. 新疆维吾尔自治区

对 1 项检测类标准，2 项管理类标准进行复审，复审结论均为修订。

（三）标准宣贯培训情况

1. 重庆市

以新发布的重要地方和国家标准及技术规定为重点，对全市 43 个区县相关从业人员开展系列宣贯培训。对《智慧工地建设与评价标准》等标准开展了宣贯培训，参会人员达

8000 余人次。

2. 山西省

召开全省建筑物 5G 通信标准培训视频会议，对 5G 建设、光纤到户、综合布线等 6 项国家、地方标准进行宣贯培训，共培训人员 500 余名。

3. 安徽省

开展了《建筑设计防火规范》等国家消防系列标准培训和《住宅设计标准》《高层钢结构住宅技术规程》等 15 项工程建设地方标准宣贯，共计培训 2000 余人次，并创新性地开展了送教上门、结合项目现场指导服务，宣传效果显著提高，收到当地好评。

4. 广东省

指导行业协会举办《装配式混凝土建筑工程施工质量验收规范》《广东省绿色建筑设计规范》等重要工程建设标准宣贯培训，通过邀请主编专家讲授标准主要技术内容，发动行业单位参与，提升标准应用水平。

5. 海南省

面向全省住房和城乡建设行政主管部门、行业机构和社会团体举办《海南省新建住宅小区供配电设施建设技术标准》《海南省建设工程"绿岛杯"奖评选标准》宣贯培训大会。为了解标准的实施情况、收集标准存在的不足和修编建议，形成立项、编制、发布、宣贯、评价的工作闭环，首次开展标准的实施评价工作，较好完成了标准实施监督的本职工作。

6. 青海省

加强标准实施监督，在全省范围开展了绿色建筑等强制性标准检查，积极推进工程建设地方标准推广应用，评估工程建设地方标准实施效果。加大标准推广力度，结合"世界标准日""节能宣传周"等活动，先后召开 3 次宣贯培训会，对行业重点标准进行系统讲解，提升标准执行效果。

四、工程建设地方标准研究与改革

（一）工程建设地方标准管理及体系研究

1. 上海市

上海市住建委于 2014 年发布了修订后的上海市工程建设规范《上海市工程建设标准体系表》，主要内容分为五个部分：各类标准数量汇总表，上海市待编标准规范项目明细表，标准、规范代号说明一览表，各类分体系表的具体内容。

《上海市工程建设标准体系表》划分为城乡规划、岩土工程与地基基础、建筑工程、市政和水务工程、地下空间工程、轨道交通、建设工程防灾、绿色建筑与建筑节能、风景园林和市容环境卫生、燃气电力供热制冷、建材应用、信息技术应用、交通运输、工程改造和维护与加固、工程建设管理共 15 个专业。为适应社会需求，2020 年，启动了轨道交通、消防、民防三个专业的标准体系研究，不断优化完善，以体现标准体系的全面性、系统性和科学性，为下一轮工程建设标准体系全面修订打好基础。

2. 重庆市

修订发布了《重庆市工程建设标准体系表》（2020 年版），在 2012 年版的基础上，以专业学科作为划分的基础，科学调整专业分类，新增城市重点建设领域专项分类，在各专业学科体系划分与城市重点建设领域工作分类中兼顾科学性与时效性，同时为了适应新的形势与标准体制改革发展方向，在体系的构成内容和总体框架方面作出相应调整。专业学科分类共收录标准 3826 个，待编地方标准 274 个。以专业学科分类标准体系为基础，城市重点建设领域分类收录 2254 个相关标准，提出待编地方标准 464 个。标准体系按专业学科分类和按城市重点建设领域分类统计数据分别见表 3-6、表 3-7。

重庆市工程建设标准体系—专业学科分类标准数量汇总表　　　　　表 3-6

序号	分类名称	国标			行标			地标			团标（其他）			分类小计
		现行	在编	待编	现行	在编	待编	现行	在编	待编	现行	在编	待编	
1	工程建设强制性国家标准类	—	40	—	—	—	—	—	—	—	—	—	—	40
2	工程建设强制性地方标准类	—	—	—	—	—	—	40	—	—	—	—	—	40
3	城乡规划与建筑设计类	42	21	21	30	3	12	5	1	13	—	—	—	148
4	工程勘察与地基基础类	36	—	—	205			19	1	19	12	1		293
5	结构与防灾类	384	6	33	264	20	23	53	12	89	83	—	1	968
6	施工质量与安全类	230	22	—	108	10	—	29	17	29	28	6	—	479
7	给水排水与暖通工程类	128	2	1	122	13	22	11	8	41	31	—	—	379
8	建筑电气与智能化类	83	6	2	32	1		12	4	10	1	—	—	151
9	建筑材料应用类	397			402			35	3	2	21	—	—	860
10	环境与景观类	25	4	—	38	3		8	3	60	1	—	—	142
11	道桥工程类	19	—		95	3	5	11	—	5	1			139
12	公共交通类	106	3	15	42	—	8	6	—	6	1	—	—	187
	合计	1450	104	72	1338	53	70	229	49	274	179	7	1	3826

表 3-7

重庆市工程建设标准体系—城市重点建设领域分类标准数量汇总表

序号	分类		国标				行标				地标				团标（其他）				分类小计
			现行	在编	待编	小计	现行	在编	待编	小计	现行	在编	待编	小计	现行	在编	待编	小计	
1	绿色城市类		106	26	5	137	78	11	5	94	19	13	36	68	10	9	0	19	318
2	智慧住宅类		289	10	1	300	170	20	0	190	36	16	112	165	1	0	0	1	655
3	轨道交通类		60	3	16	79	56	0	0	56	11	1	5	17	1	0	0	1	153
4	人居环境类	4.1 综合管廊类	43	1	2	46	57	11	13	81	11	3	22	36	22	1	0	23	186
		4.2 海绵城市类	29	0	0	29	24	0	1	25	10	0	0	10	3	0	0	3	67
		4.3 城市双修类	47	9	5	61	55	8	3	68	5	5	68	78	4	0	0	4	209
		4.4 地下空间利用类	8	0	2	10	11	3	7	21	1	0	15	16	2	1	0	3	50
5	城镇排水与污水处理类		23	2	0	25	45	0	0	46	7	2	3	12	6	0	0	6	88
6	装配式建筑类		52	2	3	57	57	7	0	64	13	10	42	65	25	0	0	25	211
7	房地产开发与管理类	7.1 房地产开发与管理类	1	0	2	3	4	0	3	7	0	2	5	7	0	0	0	0	17
		7.2 既有建筑改造类	10	3	10	23	16	2	14	33	5	1	34	40	5	1	1	7	102
8	建设工程消防类		79	1	2	82	25	2	3	30	5	4	4	13	6	0	0	6	131
9	村镇建设类		10	10	11	31	16	5	0	21	1	1	9	11	3	1	0	4	67
	合计		757	67	59	883	614	69	49	736	124	58	355	538	88	13	1	102	2254

3. 山西省

按照勘察设计、质量安全、节能科技、城乡管理、房地产与村镇建设 5 个一级目录，20 个二级子项进行分类，初步建立了山西省工程建设地方标准体系框架（见表3-8），为今后工程建设地方标准的制定、修订提供了依据。

山西省工程建设地方标准体系框架　　　　　　　　　　　表 3-8

序号	一级目录	二级子项				
1	勘察设计	岩土工程与地基基础	建筑设计	历史传承保护	—	—
2	质量安全	房屋建筑	市政基础设施	装配式建筑	工程消防与防灾	行业安全
3	节能科技	绿色建筑与节能	5G 应用	信息模型（CIM、BIM）	新型绿色建材	—
4	城乡管理	公共服务	城乡人居环境	城乡执法	市政运营	污水垃圾处理
5	房地产与村镇建设	房地产与物业	住房保障	农房建设	—	—

4. 江苏省

（1）创新强制性地方标准管理模式

按照最新规定地方标准原则上不得设置强制性条文，为落实疫情防控需要，解决这一难题，将带强制性条文的标准提请省政府批准发布，草拟《关于提请批准〈住宅设计标准〉等 2 项地方标准的请示》（苏建科〔2020〕232 号），在解决强制性标准发布当务之急的同时，也为工程建设地方标准工作开拓了一条创新路径。

（2）推进标准化管理办法立法

推动将《江苏省工程建设标准化管理办法》列入 2020 年度省政府立法调研项目，组织赴重庆市、宁夏回族自治区等地开展调研，了解其他省市工程建设标准化立法先进经验，目前立法工作正在稳步推进。

（3）开展重点领域标准体系研究

为推进工程建设地方标准有序发展，提高标准覆盖率，完善工程建设标准体系，实现标准体系结构优化、数量合理、全面覆盖、减少重复矛盾，做到"小投入、大成效"，先后完成《江苏省建筑节能技术标准体系研究》《江苏省绿色建筑标准体系研究》《涉老设施规划建设标准和标准体系研究》《江苏省建筑产业现代化标准体系研究》和《江苏省城乡建设抗震防灾标准体系研究与应用》等多项重点领域标准体系研究。

5. 安徽省

贯彻落实住房和城乡建设部《关于深化工程建设标准化工作改革的意见》精神，以"五大发展理念"为指导，坚持目标导向、问题导向，针对性地开展了绿色建筑、智能建筑、建筑外墙保温节能等标准体系研究，提出了与国家标准体系相统一协调、符合地方经济发展需求、突出地方特色的《安徽省绿色建筑标准体系》《安徽省智能建筑标准化体系》《安徽省建筑外墙保温节能标准体系》等地方标准体系建设方案。安徽省工程建设标准体系框图见图 3-4，安徽省智能建筑标准化体系框图见图 3-5。

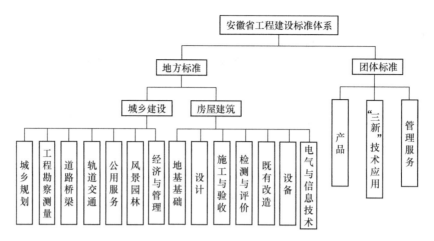

图 3-4　安徽省工程建设标准体系框图

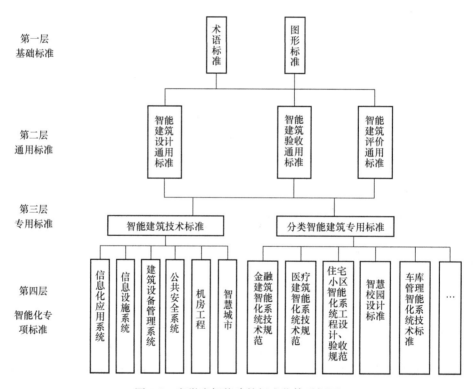

图 3-5　安徽省智能建筑标准化体系框图

6. 江西省

（1）工程建设标准体系情况

江西省工程建设地方标准体系横向按照专业分类，共分为 15 类：城乡规划类，岩土工程与地基基础类，建筑工程类，市政、水务工程类，地下空间工程类，轨道交通类，建设工程防灾类，绿色建筑与建筑节能类，生态与环境工程类，燃气、供热、电力类，建材应用类，信息技术应用类，交通运输类，工程、改造、维护与加固类和工程管理类。在纵向上，按照使用范围和共性程度，在各个专业内，标准分为通用标准、专用标准。江西省工程建设标准体系概述图见图 3-6。

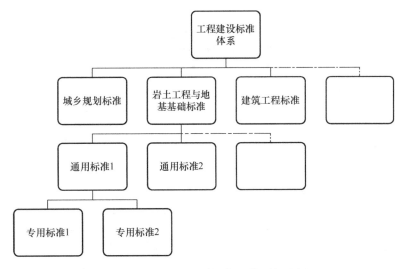

图 3-6 江西省工程建设标准体系概述图

（2）印发《关于进一步加强工程建设地方标准管理的通知》

研究印发《关于进一步加强工程建设地方标准管理的通知》，对江西省工程建设地方标准的编制、实施和管理作出明确规定，进一步规范全省工程建设地方标准管理流程。文件明确了工程建设地方标准的编制工作分为准备阶段、征求意见阶段、送审阶段和报批阶段。其中在征求意见阶段，征求意见稿应征求有关单位和社会公众意见，公开征求意见的期限不少于 30 日。

（3）组建专家库，确保工程建设标准编制质量

为加快推进工程建设标准化强省建设，充分发挥标准化专家的技术支持和专业指导作用，印发通知征集标准化技术专家。已完成由 116 名专家组成的江西省首批工程建设标准化专家库组建工作。标准化专家库涵盖了建筑设计、工程勘察等 7 个领域，在标准编制技术审查、标准复审、标准宣贯等工作中发挥重要作用。

7. 广西壮族自治区

组织行业协会、设计单位、施工单位、高校、科研机构等单位研究并提出了与国家工程建设标准体系相协调、符合地方经济发展需求、突出地方特色的《广西工程建设地方标准体系》建设方案，涵盖岩土工程与地基基础、建筑工程设计、建筑工程施工、市政给水排水、市政道路桥隧、燃气、城市轨道交通、绿色建筑与建筑节能、风景园林、固体废物、建筑材料应用、改造、维修与加固、工程建设管理、海绵城市 15 个分体系建设。

8. 海南省

以海南省"十三五"规划为纲领，紧密联系海南省建设工程发展实际，关注热点，关注民生，大力推进装配式建筑和民生工程地方标准化工作，进一步完善工程建设地方标准体系。

9. 青海省

在全面厘清工程建设地方标准现状和短板的基础上，结合标准化改革要求和住房和城乡建设高质量发展需求，按照"分类合理、对比补齐"的原则，研究拟订了《青海省工程建设地方标准体系建设方案（2020-2025）》，进一步优化工程建设地方标准体系架构，提

出发展目标和重点任务，明晰路径、措施，为加快补齐工程建设地方标准短板奠定基础。青海省工程建设标准体系框图见图3-7。

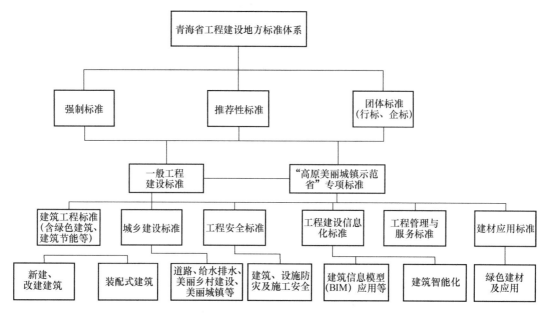

图 3-7 青海省工程建设标准体系框图

10. 新疆维吾尔自治区

《新疆住房和城乡建设管理标准体系框架》包括专项任务目标标准体系框架和专业基础综合标准体系框架两个部分，共收录现行、在编、拟编工程建设国家标准、行业标准、地方标准2118个，可为自治区住房和城乡建设管理标准化工作提供重要参考。

（二）工程建设标准化课题研究情况

1. 天津市

2020年，天津市地方标准的编制工作，大多开展了相应的科学研究、实验和检测等相关工作，也对相关先进城市的经验作法进行调研，总结凝练前期科研成果和经验，最后形成标准文本。

2. 上海市

重点推进在2020年新立项的《城市道路桥梁安全防护能力提升技术研究》《装配式混凝土钢筋U型环扣连接技术应用研究》等社会关注、技术先进的科研项目；完成历年重点科研项目《海绵社区雨水智能化运行与管理控制技术研究与示范》《里弄建筑精细化检测与性能化抗震鉴定关键技术》《上海居住建筑能耗限额设计方法研究》的验收。

开展《上海市装配式建筑发展后评估》课题中有关"装配式建筑科研和标准编制"板块研究。通过专项调研，总结评估科研成果及影响、标准适用性，分析过程中存在的问题，并提出下一步对策建议。

根据《上海市人民政府办公厅关于促进本市养老产业加快发展的若干意见》精神，积极推进适应超大城市特点的适老化房屋建设和改造相关技术调研，组织编制技术导则，为相关管理部门推进上海市养老工作提供咨询决策建议和依据。

3. 山西省

主动对接服务住建行业一流企业（单位），在梳理现行国家标准、行业标准和地方标准基础上，围绕住建行业"六新"发展、工程建设和城乡管理等方面，进行分析汇总，初步归纳为"5＋20"工程建设标准体系，基本涵盖住建行业业务内容，初步梳理构建了山西省工程建设新型标准体系。在总结"十三五"工作的基础上，对标先进，参照其他省市标准体系建设和近年来标准编制情况，编制《山西省工程建设标准化"十四五"规划》。

4. 吉林省

为进一步推动吉林省海绵城市建设，完善海绵城市建设标准体系，衔接好各项标准之间的关系，解决现有海绵城市建设中存在问题，为政府决策、规划、设计、施工及验收提供技术保障，启动吉林省标准化战略科研专项《海绵城市建设标准体系研究》。

5. 江苏省

（1）认证公告工程建设企业技术标准

企业标准是工程建设标准的重要组成部分，为提高工程建设企业标准化水平，推进工程建设企业科技创新，充分发挥标准在新技术、新材料、新工艺、新产品等科技成果转化中的约束引导、桥梁纽带和技术支撑作用，进一步确保工程质量和安全，江苏省于2013年实施工程建设企业技术标准认证公告制度。截至2020年12月，共认证公告工程建设企业技术标准（标准设计）225项，加快并规范了新技术、新材料、新工艺、新产品的推广应用，有力推动建筑节能、绿色建筑和装配式建筑等重点工作开展。

（2）开展《工程建设地方标准实施后评估研究》

组织开展"工程建设地方标准实施后评估"课题研究，一是对现有工程建设地方标准进行全面梳理，建立地方标准数据库，进一步完善我省工程建设地方标准体系，找到目前工程建设地方标准体系存在的短板和不足，为将来地方标准编制立项提供参考；二是研究一套对已发布实施的地方标准进行有效性评价的方法，包括评价指标体系、评价流程等，并将评价结果向社会公布。通过后评估，让地方标准的编制过程更加公开透明、支撑引领效果更加显著，最终实现以高标准促进我省住房城乡建设高质量发展。

6. 安徽省

组织开展消防审查验收制度、城市街区整治提升等5项标准化工作课题研究，为相关制度建设提供了决策依据。

积极推进工程建设标准长三角地区互认、共享工作。组织开展了"长三角区域一体化工程建设标准体系研究"，总结了"长三角"工程建设标准体系建设现状，提出了一体化建设及互认共享模式。

7. 山东省

为深入推进工程建设标准化改革，充分发挥标准的战略性、基础性和引领性作用，促进工程建设的新旧动能转换和高质量发展，结合山东省住房和城乡建设领域标准化现状、面临形势以及所迫切需要解决的标准化问题，开展《山东省住房和城乡建设领域工程建设标准化发展规划（2021-2025年）》编制课题研究项目，加速新型标准体系构建、加强重点领域标准研制、强化科技创新与标准化互动支撑、改进标准实施监督机制、加强标准化咨询服务、夯实标准化工作基础、加快标准国际化进程。致力于提升山东省住建领域标准化科技水平和效益。

8. 广东省

开展粤港澳大湾区标准共建。完成粤港澳大湾区抗风技术标准对比研究。围绕建筑风荷载计算、建筑风效应计算及荷载效应组合、建筑抗风限值及可靠度指标、建筑抗风标准协同方法进行了深入的对比分析，提出粤港澳建筑抗风标准协同建议。

9. 广西壮族自治区

(1)《国际工程建设标准研究——以中泰糖厂为例》课题

通过梳理中国和泰国糖厂的工程建设标准体系，以研究甘蔗糖厂（以下简称糖厂）的设计类和施工类工程建设标准为主，具体包括总图运输专业、制糖专业、热工专业、建筑专业、结构专业、给水排水专业、电气专业、仪表专业等专业工程建设标准，对中泰两国糖厂建设中各专业工程所应用的标准进行研究和对比分析。通过对以往的糖厂工程建设进行总结归纳，对中国和泰国的糖厂建设各专业所应用的标准进行梳理，重点包括中国标准、泰国标准、美国标准、国际标准，再对中外标准进行横向对比分析，最后将对各专业的分析结果提炼成具有一般规律性的结论，提出对推进糖厂工程建设标准国际化的意见和建议。

(2)《中国（广西）-东盟工程建设标准联合实验室建设及标准国际化研究与应用示范》

为更好地推进与东盟国家工程领域的深度合作，申报并立项《中国（广西）-东盟工程建设标准联合实验室建设及标准国际化研究与应用示范》课题，该课题将建立中国（广西）-东盟工程建设标准联合实验室、中国-东盟工程建设标准云平台；与东盟国家的科研机构和企业合作，建设工程建设标准化示范项目，示范推广中国标准；组织制定适应东盟国家工程建设的中国标准；举办标准化技术专题培训和中国-东盟工程建设标准化国际研讨会。

10. 新疆维吾尔自治区

组织编制《自治区住房城乡建设管理标准化建设"十四五"规划》。该规划已按照相关规定完成各项基础工作，规划编制大纲已于 2020 年 5 月 29 日通过专家审查，同时报住房和城乡建设部征求意见。截至 2020 年底规划初稿已形成并通过专家审查会。

五、地方工程建设标准国际化情况

（一）上海工程建设标准国际化工作取得进展

上海积极推进工程建设标准国际化工作，一是先后举办上海工程建设标准国际化促进联盟年度工作会议暨 2020 年第一次理事会、第二次理事会，依托联盟持续推进工程建设标准国际化工作。二是积极推进《工程建设标准国际化应用指南》编制工作，在标准编制体例与架构、标准应用与推广等方面拟定相关指导意见和技术要求，已形成报批稿。三是启动研编 9 项外文版标准，持续聚焦超高层建筑、轨道交通、智慧码头等优势领域，为国家"一带一路"战略服务。四是启动标准国际化实践案例汇编工作，梳理标准国际化最新成果，遴选境外优秀工程项目，为推动工程建设标准国际化发展发挥积极的示范推广作用。

（二）广西助推中国标准面向东盟走出去战略

2020年，根据《广西工程建设标准国际化工作方案》的目标要求和重点工作任务，持续推进面向东盟的标准化工作。

一是开展东盟国家标准化研究。完成《国际工程建设标准研究—以中泰糖厂为例》课题研究，启动《中国（广西）-东盟工程建设标准联合实验室建设及标准国际化研究与应用示范》课题申报。二是聚焦优势领域，依托工程建设领域优势技术、海外优势项目和优势产品"走出去"，带动中国标准"走出去"。越南以广西工程建设地方标准《RCA复配双改性沥青路面标准》DBJ/T 45－061－2018为蓝本，编制了RCA在越南的国家标准，该标准大纲已获越南交通部审核通过；广西地方标准《海港工程混凝土材料和结构耐久性定量设计规范》主编单位通过与我国水运、铁路、建工等行业大型国企的项目合作，推动该标准应用到东盟国家和"一带一路"沿海地区的海港工程、跨海大桥、核电工程、滨海建筑等工程项目建设中。

（三）海南地方标准"走出去"、国外标准"引进来"

1. 《海南省预拌混凝土应用技术标准》 中英文合订本

为地方标准走出国门打通语言障碍，挑选了技术成熟、国内外应用广泛的预拌混凝土技术标准，开展《海南省预拌混凝土应用技术标准》中英文合订本出版工作。

2. 借鉴国际或国外标准， 取长补短、 促进提高

（1）《海南省建筑钢结构防腐技术标准》中，采纳了认可度较高的国际标准ISO 12944中2017年和2018年最新修订的内容，如耐久性年限增加了超长期（VH）大于25年；腐蚀性等级增加了CX（高盐度的离岸区域，极端高湿和侵蚀性大气，以及亚热或热带的工业区）、Im4（有阴极保护的浸水结构（离岸结构））；防腐蚀保护涂层系统增加了聚硅氧烷面漆（新材料的应用）；增加了采用高压水喷射对钢材表面进行处理的特殊工艺（新工艺的应用）。

（2）《海南省建筑垃圾资源化利用技术标准》中，借鉴德国标准《Aggregates for mortar and concrete-Part 100：Recycles aggregates》DIN 4226－100，提出应综合考虑建筑垃圾品质和组成以及再生骨料性能指标来确定再生骨料的应用范围，较现行国内标准只以性能指标确定应用范围更合理。

3. 《西沙群岛珊瑚礁地区岩土工程勘察规范》

为满足海南省西沙群岛珊瑚礁地区工程建设需要、规范珊瑚礁地区岩土工程勘察，并立足海南，辐射东南亚，促进地方标准走向国际，启动了《西沙群岛珊瑚礁地区岩土工程勘察规范》的编制工作。

六、地方工程建设标准信息化建设

随着信息化技术的迅猛发展，各地方积极探索工程建设标准信息化建设（表3-9），主要通过标准化信息网发布工程建设标准相关动态，个别地区还开办了微信公众号辅助工程建设标准信息化建设，快速、高效、高质量解决技术人员标准使用需求。

地方工程建设标准信息化建设情况 表 3-9

序号	地方	信息化平台/数据库名称（包括公众号、网站、微博等）	是否公开	查阅方式（包括网站链接、公众号名称等）
1	北京	首都标准网	是	http：//www.capital-std.com/xwzx/zytz/
2	天津	天津市住房和城乡建设委员会网站	是	http：//zfcxjs.tj.gov.cn
3	上海	微信公众号"上海工程标准"	是	上海工程标准
		上海工程建设标准管理信息系统	是	暂未上线
		上海工程建设标准管理信息系统小程序	否	内部链接
		标准评审专家信息档案	否	内部链接
4	重庆	重庆市工程建设标准化信息网	是	http：//gcbz.jsfzzx.com
5	河北	河北省住房和城乡建设厅	是	http：//zfcxjst.hebei.gov.cn
6	山西	山西省住房和城乡建设厅	是	http：//zjt.shanxi.gov.cn
7	内蒙古	内蒙古自治区住房和城乡建设厅	是	http：//zjt.nmg.gov.cn
8	辽宁	辽宁省地方标准管理平台	是	http：//www.lnsi.org：8081/Main.aspx
9	吉林	吉林省住房和城乡建设厅网站	是	http：//jst.jl.gov.cn
		微信公众号"吉林建设标准"	是	吉林建设标准
10	黑龙江	黑龙江省住房和城乡建设信息网	是	http：//zfcxjst.hlj.gov.cn
11	江苏	江苏建设科技网	是	http：//www.jscst.cn/KeJiDevelop/
12	浙江	浙江省建设信息港	是	http：//jst.zj.gov.cn/
13	安徽	安徽省住房和城乡建设厅	是	http：//dohurd.ah.gov.cn
14	福建	福建省住房和城乡建设厅	是	http：//zjt.fujian.gov.cn
15	江西	江西省住房和城乡建设厅	是	http：//zjt.jiangxi.gov.cn/
16	山东	山东省住房和城乡建设厅	是	http：//zjt.shandong.gov.cn
17	河南	河南省住房和城乡建设厅	是	http：//hnjs.henan.gov.cn/
18	湖北	湖北省住房和城乡建设厅	是	http：//zjt.hubei.gov.cn/
19	湖南	湖南省住房和城乡建设厅	是	http：//zjt.hunan.gov.cn/
20	广东	广东省工程建设标准化管理信息系统	是	http：//210.76.74.34
21	广西	广西壮族自治区住房和城乡建设厅	是	http：//zjt.gxzf.gov.cn/
22	海南	海南省工程建设标准定额信息	是	http：//zjt.hainan.gov.cn/szjt/gcjsbzde/dez.shtml
23	四川	四川省住房和城乡建设厅	是	http：//jst.sc.gov.cn/
24	贵州	贵州省住房和城乡建设厅	是	http：//zfcxjst.guizhou.gov.cn/jszx/gggs/qt/
25	云南	云南省工程建设地方标准管理系统	是	http：//dfbz.ynbzde.com/ems/index
26	西藏	西藏自治区住房和城乡建设厅	是	http：//zjt.xizang.gov.cn/
27	陕西	陕西省住房和城乡建设厅	是	https：//js.shaanxi.gov.cn/

续表

序号	地方	信息化平台/数据库名称 （包括公众号、网站、微博等）	是否 公开	查阅方式（包括网站链接、 公众号名称等）
28	甘肃	甘肃省住房和城乡建设厅	是	http：//zjt.gansu.gov.cn/
29	青海	青海省住房城乡建设厅网站	是	http：//zjt.qinghai.gov.cn/
30	宁夏	宁夏回族自治区住房和城乡建设厅	是	http：//jst.nx.gov.cn/
31	新疆	新疆维吾尔自治区住房和城乡建设厅网站	是	http：//zjt.xinjiang.gov.cn

第四章

团体工程建设标准化发展状况

一、部分社团基本情况

（一）社团概况

1. 中国工程建设标准化协会

中国工程建设标准化协会（简称：中国建设标协；英文名称：China Association for Engineering Construction Standardization；社会团体代号：CECS）成立于 1979 年，是由从事工程建设标准化活动的单位、团体和个人自愿参加组成的全国性、专业性社会组织，成立之初原名称为中国工程建设标准化委员会，经过 40 年的发展，协会作为国家改革开放事业的同行者、见证者、亲历者和实践者，已成为在国内工程建设标准化领域具有重要影响的从事标准制修订、标准化学术研究、宣贯培训、技术咨询、编辑出版、信息服务、国际交流与合作等业务的专业性社会团体，已同许多国际、地区和国家的标准化组织建立了合作关系，在国际上有一定的影响力。

近年来，协会以习近平新时代中国特色社会主义思想为指引，坚持围绕中心、服务大局的指导思想，以提高协会整体能力和综合实力为主题，力求在体制机制上有新探索，在工作手段上有新方法，在服务内容和服务方式上有新举措，努力做好协会标准工作。2020年初以来，新冠肺炎疫情席卷全球，协会标准工作开展虽然在一定程度上受到影响，但通过协会秘书处及各分支机构的共同努力，在各会员单位的积极参与下，较快适应了疫情防控新形势，协会的各项工作扎实稳步推进，取得了良好成效。

2. 中国建筑节能协会

中国建筑节能协会（英文名称：China Association of Building Energy Efficiency；社会团体代号：CABEE）是经国务院同意、民政部批准成立的国家一级协会，业务主管部门为住房和城乡建设部。协会由建筑节能与绿色建筑相关企事业单位、社会组织及个人自愿结成的全国性、行业性、非营利性社团组织，主要从事建筑节能与绿色建筑领域的社团标准、认证标识、技术推广、国际合作、会展培训等服务。中国建筑节能协会在建筑节能与绿色建筑领域，以高质量发展为中心，开展调查、研究、咨询、宣传、培训、评价认证、标准化等活动。以构建市场导向的绿色技术创新体系为方向，组织建筑节能与绿色建筑技术研发、评估鉴定、推广应用等工作。基于国际与国内行业发展趋势的判断，以节能与低碳发展为导向，推进建筑节能与绿色建筑行业变革。

3. 中国城市燃气协会

中国城市燃气协会（英文名称：China Gas Association；社会团体代号：CGA）成立

于 1988 年 5 月，是国内城市燃气经营企业、设备制造企业、科研设计及大专院校等单位自愿参加组成的全国性行业组织，是在国家民政部注册登记具有法人资格的非营利性社会团体，业务主管单位是国家住房和城乡建设部。

为加快落实国家有关标准化工作的要求，中国城市燃气协会（以下简称中燃协）于 2018 年 6 月成立中燃协标准工作委员会，作为中燃协 14 个分支机构之一，是中燃协标准化工作的统一归口管理机构。标委会的成立是燃气行业团体标准不断发展的重要标志，也是燃气行业进入新时代高质量发展的迫切需要。

4. 中国土木工程学会

中国土木工程学会（英文名称：China Civil Engineering Society；社会团体代号：CCES）是全国土木工程科学技术工作者的学术性社会团体，是中国科学技术协会的组成部分，成立于 1912 年，挂靠住房和城乡建设部，其前身是由我国近代杰出的土木工程师詹天佑先生创建的中华工程师学会。学会围绕土木工程领域重点、难点问题，积极开展学术活动，为发展我国土木工程事业和提高土木工程领域科技水平做出了积极贡献。学会积极参与编制国家标准规范，成为首批国家团体标准研制试点单位，发布团体标准，并成功申报成为团体标准示范学会，通过团体标准示范学会建设工作，基于现有团体标准工作基础，在学会工作机构建设、标准编制程序管理、标准信息公开与实施监督、标准市场应用情况调查、标准国际化建议及对策等方面开展了全面的研究，圆满完成各项示范工作任务。

5. 中国勘察设计协会

中国勘察设计协会（简称：中设协；英文名称：CHINA ENGINEERING AND CONSULTING ASSOCIATION；社会团体代号：CECA）成立于 1985 年 7 月，是经民政部登记、由住房和城乡建设部管理的具有社会团体法人资格的全国性工程勘察设计咨询行业的非营利性社会组织，2014 年被民政部评定为 4A 级全国性社会组织。中设协第六届理事会于 2016 年 4 月 26 日选举产生，现有理事单位 750 余家，其中，有地方勘察设计同业协会团体会员 45 家、部门勘察设计同业协会团体会员 22 家，并有由行业知名人士和相关执业注册专业人士组成的个人会员队伍。中设协现有 24 个分支机构，包括 18 个分会、6 个工作委员会；协会还有 2 个直属机构，包括：协会会刊《中国勘察设计》杂志和《智能建筑与智慧城市》杂志。秘书处是协会的日常办事机构，下设办公室、行业发展部、技术咨询部、培训工作部、宣传联络部、法律事务部和财会部。

6. 中国城镇供水排水协会

中国城镇供水排水协会（简称：中国水协；英文名称：China Urban Water Association；社会团体代号：CUWA）是全国性、行业性、非营利性的社团组织。成立于 1985 年，业务主管部门为住房和城乡建设部，并接受民政部的监督管理。

协会以促进中国城镇供水、排水及污水处理、节水等城镇水务事业的发展为宗旨，现下设 15 个分支机构：城市供水分会、城市排水分会、乡镇水务分会、建筑给水排水分会、科学技术委员会、节约用水专业委员会、城镇水务市场发展专业委员会、城镇水环境专业委员会、设备材料专业委员会、海绵城市建设专业委员会、智慧水务专业委员会、编辑出版委员会、工程教育专业委员会、青年工作者委员会、设施更新与修复专业委员会。会员为中国境内的城镇供水、排水与污水处理和节水等城镇水务方面的企事业单位，地方城镇供水（排水）协会，相关科研、设计单位，大专院校及城镇供水、排水与污水处理设备材料生产等企事业单位及从事城镇水务方面工作的高级管理和技术人员。

7. 中国石油和化工勘察设计协会

中国石油和化工勘察设计协会（英文名称：China Petroleum & Chemical Engineering Survey And Design Association；社会团体代号：CPCESDA）的前身为中国化工勘察设计协会，1985 年经原化工部、国家计委设计局批准成立，在国家民政部登记注册，具有社团法人资格。2002 年经原国家经贸委和民政部批准更名为中国石油和化工勘察设计协会。

协会是由从事石油和化工工程咨询、勘察设计、项目管理和工程总承包的企业、科研院所以及为勘察设计行业服务的相关技术机构和有关人士自愿结成的全国性、行业性、非营利性的社会组织，具有社团法人资格。

8. 中国核工业勘察设计协会

中国核工业勘察设计协会（英文名称：China Nuclear Industry Investigation & Design Association；社会团体代号：CNIDA）成立于 1987 年。上级主管部门按照不同的历史年代分别是二机部、国防科工委、国防科工局。2017 年 6 月作为第二批脱钩试点单位，与科工局完成脱钩工作。协会是在国家民政部注册登记的全国性社会团体，业务范围是技术交流、业务培训、书刊编辑、国际合作、咨询服务。目前，协会共有团体会员单位 256 家，设有工程勘察专业委员会、工程设计专业委员会、工程监理专业委员会、工程项目管理和工程总承包专业委员会、信息化专业委员会、核设备专业委员会、核工业结构专业委员会、进口核设备专业委员会、核工业质量管理工作委员会、核工业电气专业委员会和核设施厂址安全专业委员会 11 个分支机构。

（二）工程建设团体标准化管理制度

为促进水利团体标准有序发展，规范水利团体标准管理工作，水利部发布了《关于加强水利团体标准管理工作的意见》（水国科〔2020〕16 号）。安徽省制定了《安徽省工程建设团体标准管理暂行规定》，对工程建设团体标准制修订原则、编制程序、法律地位、监督要求等方面提出统一要求，使工程建设社会团体在团体化标准工作有章可循，有规可依，促进工程建设团体标准的培育发展。

1. 中国工程建设标准化协会

根据《国务院关于深化标准化工作改革方案》《团体标准管理规定》等国家标准化有关规定，协会于 2000 年发布了《协会标准管理办法》，并先后进行 4 次修订，力求在协会标准的管理及运行机制上有新思路、新突破、新做法，确保编制工作的科学性和公正性，提升协会标准管理水平。

2020 年初以来，根据不断变化的疫情状况和中央对防疫工作的安排部署，协会秘书处迅速研究新的工作方法和运行模式，先后下发了《关于疫情期间协会标准工作的安排的通知》《关于做好新形势下协会标准编制工作的通知》，对协会标准编制工作各项流程和要求进行调整部署，统筹兼顾、稳步推进，确保协会标准工作正常运转。

2. 中国建筑节能协会

中国建筑节能协会颁布了规章制度《中国建筑节能协会团体标准管理办法（试行）》《中国建筑节能协会团体标准工作细则（试行）》和《中国建筑节能协会团体标准涉及专利处理规则（试行）》。

3. 中国城市燃气协会

中燃协标委会成立以来，高度重视制度建设，起草颁布了《标准工作委员会工作细则》《中国城市燃气协会团体标准管理规定》《中国城市燃气协会关于参加非中燃协团标管理规定》《中国城市燃气协会标准编写规则》《团体标准编制专利识别和披露的有关要求》《标委会会员服务管理办法》《标委会专家库管理细则》等制度文件，保障了标准化工作有章可循、依法合规。

4. 中国土木工程学会

（1）完善学会标准工作机构（机制）建设

学会结合现阶段标准化工作需求和近几年团体标准管理经验，加强了标准立项审核，严把标准报批质量。在标准报批后增加审批阶段，邀请专家对标准进行技术审查，立项和审批阶段产生的专家费用均是从学会经费（或科协项目资助）列支。各项工作的开展为树立团体标准品牌，扩大影响，促进土木工程科技水平提高打下了基础。

（2）制定完成《中国土木工程学会标准工作程序制度》

针对学会标准编制过程，结合发布的《中国土木工程学会标准管理法》（土标〔2019〕3 号），项目组对标准立项、起草、征求意见、审查、报批、审批等阶段提出详细的管理要求，实行"严进严出"的管理模式，严把标准立项及报批质量。针对各阶段的管理性文件，配合编制管理过程中的函文、请示、通知等文件的起草模板，确保学会标准管理工作规范开展。针对学会标准编写，依据《工程建设标准编制规定》《标准化工作导则 第一部分：标准化文件的结构和起草规则》对标准编写的要求，结合学会标准自身特点，配套编制《中国土木工程学会标准编写模板》，为标准编制组提供参考，对标准文本格式及要求进行明确。目前，学会各项标准管理工作规范，不收取任何费用。

（3）发布团体标准公开公布、考核监督、追踪反馈等工作机制

团体标准是标准化市场的探索，通过对团体标准实施发展现状进行分析，探讨了团体标准的实施机制，主要包括：遵循市场经济规律，强化团体标准与市场对接，充分发挥市场主导作用；开展团体标准试点工作，积极探索团体标准化应用工作的新模式、新机制和新路径，形成一批具有辐射强、作用大和有推广价值的团体标准化示范项目；政府主管部门、社会团体、科研机构以及企业力量，建立政府引导、相关方广泛参与、协同推进的团体标准应用工作机制；推进标准转化互认机制；借助产品（过程、服务）认证促进团体标准贯彻实施；推进团体标准良好行为评价机制。

5. 中国勘察设计协会

中国勘察设计协会（简称中设协）自 2016 年起，按照国务院、住房和城乡建设部关于标准化工作改革精神和要求，启动了中国勘察设计协会团体标准化工作。主要工作：

（1）研究制定管理规定

研究中设协团体标准化工作顶层设计，2018 年发布了《中国勘察设计协会团体标准管理办法（试行）》（中设协字（2018）85 号），明确了标准化工作的技术领域、层次、属性、种类和管理体制。其中，标准领域包括：一是填补政府标准空白的工程建设勘察、规划、设计等通用、专用的技术、管理、质量要求；二是细化现行政府标准的相关技术措施要求；三是严于现行政府标准的具体技术措施要求；四是工程建设专用的试验、检验和评定等方法；五是工程建设专用的信息技术要求；六是其他工程建设专用的技术、技术管理要求。

中设协标准是市场主导型的推荐性团体标准,分五大类:各类标准、规程、导则、指南、手册等。标准技术内容和技术准则要突出体现建筑工程、市政工程、工程勘察技术市场需求和技术创新。

中设协标准化工作实行二级管理:第一层级中设协本部,第二层级中设协各分支机构、授权理事单位。本部包括秘书处、标准化工作委员会、技术专家委员会。本部是标准化工作的主管(批准)部门。负责对中设协标准进行统一归口管理。管标准项目编制五年、年度计划制定、管标准项目编制立项、管标准体系制定、管标准项目成果的批准发布。各分支机构,担任标准化工作的主编部门。负责具体专业性的技术管理工作,对标准的内容质量以及先进性、实用性负责。

(2)制定编写规定

2019年研究制定中国勘察设计协会团体标准编写规定。2020年发布了《工程建设团体标准编写规定》(中设协字(2020)51号)。该编写规定主要适用于"各类标准、规程、导则"类标准的编写,"指南、手册"类标准,除了规定性的条款按《规定》要求编写外,其他内容可以按一般常规的编写体例办理。

6. 中国城镇供水排水协会

中国水协于2019年5月成立了由35名行业资深专家组成的中国水协标准化工作委员会,并依托中国城市建设研究院有限公司设立了中国水协标委会秘书处,出台了《中国城镇供水排水协会团体标准管理办法》《中国城镇供水排水协会标准化工作委员会章程》等一系列文件,完成了水协团标CUWA的编号注册。

7. 中国石油和化工勘察设计协会

为贯彻落实国务院《关于深化标准化工作改革方案》的要求,逐步建立与国家标准、行业标准等相互协调、互相支撑的石油和化工行业工程建设团体标准体系,提升石油和化工行业规划、勘察、设计、施工的质量和企业核心竞争力,中国石油和化工勘察设计协会启动了组建团体标准委员会工作,于2016年8月2日制定了《中国石油和化工勘察设计协会团体标准管理办法(试行)》,2017年9月24日在国家标准委员会主办的全国标准信息服务平台注册成功,标准代号为T/HGJ。

8. 中国核工业勘察设计协会

2016年制定并发布了《中国核工业勘察设计协会团体标准管理办法(试行)》,2018年对协会团体标准管理办法进行了修订。《中国核工业勘察设计协会团体标准档案管理办法》《中国核工业勘察设计协会团体标准审查专家库管理办法》《中国核工业勘察设计协会团体标准审查专家咨询费管理办法》《中国核工业勘察设计协会团体标准制修订经费管理办法》完成初稿,进入征求意见阶段。

二、工程建设团体标准体系与数量情况

(一)工程建设团体标准体系情况

1. 中国工程建设标准化协会

现行团体标准技术体系包括工程建设领域的20多个行业,涵盖了工程勘察和测量、

地基基础工程、结构工程、建筑工程、给水排水工程、燃气和供热工程、电气工程、通信工程、施工技术和质量控制等十几个主要专业。

2. 中国建筑节能协会

中国建筑节能协会现行的标准体系涵盖了建筑节能、建筑保温、建筑调适、近零能耗建筑、装配式建筑、智慧建筑、既有建筑改造、建筑供热、建筑信息模型、室内环境、能源管理及规划、能源互联网技术、电力物联网技术、立体绿化、轨道交通、先进技术、设备和系统节能运行、海绵城市、低碳交通、清洁能源发电技术等专业方向。

3. 中国城市燃气协会

为落实"服务行业、创新发展"的职责定位和总体目标,加快推进城镇燃气行业团体标准化工作有效开展,结合燃气行业发展现状和发展规划,中国城市燃气协会积极开展标准体系建设,编制并发布《中国城市燃气协会标准体系框架(第一版)》,初步形成了覆盖工程建设、运行控制、服务、综合、产品 5 类模块,含 51 项标准编制计划的两级架构标准体系。

4. 中国勘察设计协会

2020 年 6 月完成了中国勘察设计协会《工程建设标准体系》(建筑工程、土木工程、机电工程部分)编制工作大纲的讨论稿,框架基本形成。

《工程建设标准体系》编制工作大纲,系根据住房和城乡建设部《关于印发深化工程建设标准化工作改革意见的通知》(建标〔2016〕166 号)确定的工程建设标准化改革的总原则和总目标,以及中国勘察设计协会《关于印发〈中国勘察设计协会团体标准管理办法(试行)〉的通知》(中设协字〔2018〕85 号)的相关规定,结合中设协标准化工作现状和今后标准编制需要进行编制的。

5. 中国核工业勘察设计协会

中国核工业勘察设计协会团体标准体系已经初步建立,目前分为 8 个专业,分别为:反应堆、工程技术服务、核电常规岛、核工程勘察、核化工、核燃料、核设备、铀矿冶。

(二)团体标准数量总体现状

表 4-1 统计了部分行业及地方工程建设团体标准数量情况。中国城镇供水排水协会在 2020 年首次下达工程建设团体标准立项计划。中国有色金属工业协会、中国灌区协会、中国农业节水和农村供水技术协会均在 2020 年首次批准发布各自协会的工程建设团体标准。

部分行业及地方工程建设团体标准数量情况　　　　表 4-1

序号	行业/地方	团体名称	2020 年立项(项)	2020 年发布(项)	现行(项)
1	城乡建设领域	中国工程建设标准化协会	729	214	945
2		中国城镇供热协会	8	2	27
3		中国建筑节能协会	32	8	12
4		中国城市燃气协会	12	4	11
5		中国勘察设计协会	45	4	7
6		中国城镇供水排水协会	43	0	0

序号	行业/地方	团体名称	2020年立项(项)	2020年发布(项)	现行(项)
7	电力工程	中国电力企业联合会	22	13	30
8	化工工程	中国石油和化工勘察设计协会	1	0	4
9	煤炭工程	中国煤炭建设协会	1	0	4
10	有色金属工程	中国有色金属工业协会	3	2	2
11	水利工程	中国水利学会	20	16	39
12		中国水利工程协会	6	4	14
13		中国水利水电勘测设计协会	3	7	13
14		中国水利企业协会	23	6	11
15		中国灌区协会	5	6	6
16		中国农业节水和农村供水技术协会	5	2	2
17		中国大坝工程学会	30	1	1
18		国际沙棘协会	1	3	3
19	吉林	吉林省建筑节能协会	2	2	2
20	安徽	安徽省建筑节能与科技协会	10	6	6
21		安徽省土木建筑学会	6	1	1
22	山东	山东省建筑安全与设备管理协会	2	1	1
23		山东省工程建设标准造价协会	3	5	5
24		山东省房地产业协会	1	2	2
25		山东土木建筑学会	10	4	4
26		山东省建设监理与咨询协会	4	0	0
27		山东省建筑业协会	3	0	0
28		山东省建筑节能协会	11	15	15
29	新疆	新疆维吾尔自治区工程建设标准化协会	6	8	8

1. 中国工程建设标准化协会

2020年下达2批立项计划,第一批398项,第二批331项,全年合计729项。2020年批准发布工程建设协会标准共214项,包括房屋建筑和市政建设专业132项,其他工业工程和产品应用专业82项。

截至2020年底,现行协会标准共945项,包括房屋建筑和市政建设专业634项,其他工业工程和产品应用专业311项。

2015~2020年工程建设团体标准发布数量情况见表4-2。

2015~2020年工程建设标准化协会发布的工程建设
团体标准数量情况 表 4-2

年份	2015	2016	2017	2018	2019	2020
发布数量(项)	37	43	62	81	183	214

2. 中国城镇供热协会

2020 年立项工程建设团体标准 8 项，发布《柔性预制保温管》T/CDHA 4－2020、《供热顶进用钢筋混凝土管》T/CDHA 5－2020 2 项协会标准。

截至 2020 年底，现行协会标准 27 项。

3. 中国建筑节能协会

2020 年立项工程建设团体标准 32 项，包括暖通空调专业 10 项，供热专业 3 项，建筑保温专业 6 项，智慧建筑专业 2 项，照明专业 1 项，建筑专业 2 项，工业建筑专业 1 项，给水排水专业 4 项，规划 1 项，绿化专业 2 项。2020 年发布 8 项工程建设团体标准。

截至 2020 年底，现行协会标准共 12 项。

2018～2020 年工程建设团体标准数量变化情况见表 4-3。

2018～2020 年中国建筑节能协会团体标准数量变化情况　　　　表 4-3

年度	立项数量（项）	发布数量（项）
2018 年	31	0
2019 年	31	4
2020 年	32	8

4. 中国城市燃气协会

2020 年立项 12 项工程建设团体标准，包括工程建设类 5 项，运行控制类 2 项，服务类 2 项综合类 1 项，产品类 3 项。2020 年发布 4 项团体标准。

截至 2020 年底，现行团体标准共 11 项，包括工程建设专业 5 项，运行控制专业 2 项，综合 1 项，产品 3 项。

5. 中国勘察设计协会

2020 年立项 45 项工程建设团体标准，包括建筑工程类 30 项，其中民用建筑专业 10 项，工业建筑专业 7 项，构筑物专业 2 项，工程勘察专业 3 项，园林专业 8 项；土木工程类 8 项，其中道路专业 5 项，轨道交通专业 1 项，桥涵专业 1 项，架线与管沟专业 1 项；机电工程类 7 项，其中机械设备专业 1 项，建筑智能化专业 2 项，建筑智能化专业 4 项。2020 年发布 4 项团体标准。

截至 2020 年底，现行工程建设团体标准 7 项，均为建筑智能化专业。

2018～2020 年中国建筑节能协会团体标准数量变化情况见表 4-4。

2018～2020 年中国建筑节能协会团体标准数量变化情况　　　　表 4-4

年度	立项数量（项）
2018 年	5
2019 年	44
2020 年	45

6. 中国城镇供水排水协会

2020 年立项 43 项工程建设团体标准。中国城镇供水排水协会团体标准定位于制定符合中国水协业务范围，聚焦技术、管理创新成果，填补国家、行业标准空白，承接政府管理需求的团标，在立项之初就剔除了编制内容存在重复、交叉和指标低于国标、行标要求的项目提案，保证了团标编制质量，很好地补充和细化了现行国标、行标，满足行业发展需求。

7. 电力工程

2020 年立项 22 项工程建设团体标准，重点围绕输变电、水电、核电常规岛、电化学储能、电动汽车充换电等热点领域立项。2020 年发布 13 项工程建设团体标准。截至 2020 年底，现行工程建设团体标准 30 项。

8. 化工工程

2020 年立项 1 项工程建设团体标准。截至 2020 年底，现行工程建设团体标准 4 项。

9. 煤炭工程

2020 年立项 1 项工程建设团体标准。截至 2020 年底，现行工程建设团体标准 4 项。

10. 有色金属工程

2020 年立项 3 项工程建设团体标准，发布 2 项工程建设团体标准，均为有色金属冶炼与加工工程专业。截至 2020 年底，现行工程建设团体标准 2 项。

11. 水利工程

水利行业开展团体标准编制工作的相关团体标准机构共有 9 家，2020 年共立项 93 项团体标准，共发布 45 项团体标准。截至 2020 年底，现行水利工程团体标准 89 项。

12. 吉林省

2020 年吉林省建筑节能协会立项团体标准 2 项。截至 2020 年底，吉林省建筑节能协会现行团体标准 2 项。

13. 山东省

积极引导行业协会开展团标标准化工作，组织山东省工程建设标准造价协会等社会团体开展山东省工程建设团体标准试点工作，发布了《建设工程施工现场配电箱》等团体标准 27 项，省建筑业协会、省土木建筑学会等协会相继发布 2020 年度团体标准编制计划。

14. 安徽省

2020 年立项 16 项团体标准，其中安徽省建筑节能与科技协会 10 项，安徽省土木建筑学会 6 项。

截至 2020 年底，安徽省现行团体标准共 7 项，其中安徽省建筑节能与科技协会 6 项，安徽省土木建筑学会 1 项

15. 新疆维吾尔自治区

新疆维吾尔自治区工程建设标准化协会成立于 2003 年，已发布 8 项团体标准。2020 年立项 6 项团体标准。

三、工程建设团体标准国际化情况

(一) 工程建设标准化协会

为适应经济全球化发展需要，加快实施我国工程建设标准的国际化战略，提升我国工程建设标准的国际化水平，扩大工程建设标准的国际交流与合作，按照住房和城乡建设部

要求，协会以"立足行业、服务企业、国际接轨"的目标，加强我国工程建设标准的国际宣传，广泛开展双边、多边合作，积极争取参与有关国际标准化组织和国际标准化活动，协会已与美国国际建筑规范委员会ICC、加拿大标准化协会CSA、巴西标准协会等国外一些重要的标准化机构开展了一系列标准化合作交流，并签署战略合作协议。

2020年，以协会标准《新型冠状病毒感染的肺炎传染病应急医疗设施设计标准》为基础的国际标准提案正式向国际标准化组织递交，并获得投票通过，成为我国工程建设团体标准直通转化国际标准的首个成功实践。

协会将积极围绕超高层建筑、轨道交通、大型桥梁等优势领域，编制或翻译与国际惯例接轨的、国际化程度较高的协会核心标准，并在标准内容结构、要素指标和相关术语等方面与国际标准对接，以团体标准带动我国标准走出去。同时，积极推进协会优秀标准申请ISO、IEC等国际标准。

（二）中国土木工程学会

中国土木工程学会通过调研学会标准国际化现状，提出了学会标准国际化的三个层次：一是增强自身建设，达到国际水平；二是主动对外开放，获得国际认可；三是发挥引领作用，实现共生共赢共享。

结合我国政策环境分析了学会标准国际化的可行性及竞争优势，并通过研究分析，得出国际国外团体标准化组织的成功经验主要有：成熟的组织机构运作模式、完善的标准实施保障体系、国家标准化战略助力标准国际化、因市场而生、市场属性扎根、全球伙伴关系使标准具有权威性和代表性。结合国际国外团体标准化组织的成功经验与启示，指出学会标准国际化面临的困难与挑战主要包括：团体标准化相关政策、规则及制度之间没有形成"软联通"，团体标准制定主体的标准化能力亟待提升、推广宣传力度不够，尚未得到国内国际社会认可。

最后，从"加强自身标准化建设，推动达到国际水平""加强合作交流，打造学会标准品牌""加强推广宣传，提升学会标准影响力"三个方面系统梳理并给出了12条学会标准国际化对策建议。

四、团体工程建设标准化工作问题及解决措施、改革与发展建议

随着新标准化法发布实施，我国团体标准蓬勃发展，《住房和城乡建设部办公厅关于培育和发展工程建设团体标准的意见》（建办标〔2016〕57号）发布以来，工程建设团体标准化工作稳步推进，在取得成绩的同时，也遇到一些问题与困难。以下收录了部分行业领域和地方在推进工程建设标准团体标准化工作过程中遇到的问题及解决措施，并提出改革与发展建议。

（一）存在的问题问题及解决措施

化工工程目前在团体标准化工作中遇到的问题有四方面：一是业内多数人认为团体标准在国家标准体系中地位不高，影响力不大；二是编制团体标准的投入产出不对等，企业参与积极性不高；三是没有政府经费补贴，编制经费筹措困难；四是牵涉人员精力大，影

响企业正常工作。面对这些问题，化工工程提出将继续加大团体标准的宣传力度，提高企业对团体标准的认知度；充分发挥会员企业特别是理事单位的特长优势，调动其积极性；调整立项管理程序，做到及时立项；利用协会优势帮助主编单位解决团体标准编制资金。

水利工程反映团体标准化遇到的问题如下：

一是水利团体标准工作起步较早，发展较慢。从 2015 年至 2020 年末 5 年多时间，各水利社会团体共制定团体标准 80 多项。从全国团体标准发布数量来看，截至 2020 年 12 月底，在全国团体标准信息平台上公开的团体标准达 21000 余项，水利团体标准数量仅占全国团体标准总数的千分之四。

二是已发布的团体标准市场性较低，创新性不高。80 多项标准中，大部分是在现有行业标准规定的方法基础上的局部创新，如水质分析方法、施工新方法、信息模型等，涉及新产品的标准则更少。另外，有相当一部分标准是在现行水利行业标准基础上的少量补充或细化，如节水评价、工程规划设计、施工方法等，严格来说，一旦相关行业标准修订后，此类团体标准中大部分将无存在的必要性。

三是部分社会团体标准化工作经验不足，对国家和行业的要求落实不到位。有些团体标准在立项之初对标准本身的必要性和实用性重视不够，造成标准"标不适用"；有些团体标准和政府主导制定标准存在重大交叉重复甚至矛盾，造成标准实施的巨大障碍；甚至有少数标准本身就是企业标准，只是通过社会团体予以发布，造成标准代表性不强，反而成为企业技术垄断的工具。另外，部分社会团体在开展团体标准制定工作中没有很好执行"在本社会团体章程规定的业务范围内开展团体标准编制"的要求，造成部分团体标准与其发布机构章程规定的业务范围不对应，形成"专业的标准由不专业的社会团体发布"的情况，严重影响了标准实施的有效性和解释的权威性。

针对上述问题，水利工程行业采取如下解决措施：

一是发布实施团体标准政策文件。为促进水利团体标准有序发展，规范水利团体标准管理工作，水利部发布了《关于加强水利团体标准管理工作的意见》（水国科〔2020〕16 号）。

二是优化水利技术标准体系，为团体标准提供发展空间。体系修订严格遵守"确有需要、管用实用"原则，严格界定了政府标准的边界，从行业标准管理的角度在给团体标准释放空间，今后，将有相当一部分行业标准从体系中删除，并转化为团体标准。2020 年，水利部废止了 87 项行业标准，已有部分废止标准转化为团体标准。

三是实行团体标准协调机制。通过召开团体标准协调会，邀请各社会团体共同讨论团体标准立项、编制等过程中存在的问题，交流管理经验，协调团体标准与行业标准、团体标准之间交叉、重复情况。

四是加强团体标准培训指导。将团体标准纳入水利标准化培训班的重点培训内容，培训团体标准的定位、编制范围和编写要求等内容。引导各社团依据各自业务范围编制满足市场和创新需求的团体标准。

电子工程团体标准化工作发展在深化标准化工作改革的历史机遇下，由于人力、财力的短缺，始终未能形成百花齐放、百家争鸣的良好局面，分析原因一是团体标准化氛围和市场亟须培育，二是相关政策和制度尚未建立和健全，三是相关工作经费缺失，四是人才队伍紧缺。电子工程标准化工作管理机构近十年来一直处于调整和变化当中，给团体标准化工作的推广带来些许的不稳定因素。

山东省团体标准化工作尚处于起步阶段，在发展过程中也产生了一些问题：各社会团体对团体标准的定位与范围不明确、理解不深入，省内社会团体标准基础比较薄弱，目前社会各界对团体标准市场地位、法律地位的认识仍不够。从而影响团体标准化工作的推进，限制了团体标准的发展，致使团体标准发展缓慢。

山东省自2020年以来探索了一些解决措施：一是采用召开座谈会、圆桌会议、标准宣贯培训等多形式、多渠道，加强《标准化法》等法律法规以及工程建设标准化改革政策，特别是培育发展团体标准的宣传贯彻。二是制定团体标准的社会团体要加强自身开展团体标准化工作的相关制度、机构、人才等方面建设，以满足市场和创新需要为目标，坚持开放、透明、公开的原则，充分听取各相关方的意见，科学严谨地制定团体标准，积极填补空白，发挥标准引领作用。

安徽省认为团体标准作为一类与市场紧密结合、制定模式活跃的标准，为科技成果迅速转化为生产力提供了快速通道，丰富了标准供给，促进了技术创新。目前尚处在起步阶段，还存在着社会认可度不高、采用有限、监督缺乏、部分团体标准水平不够等问题。

安徽省针对相关问题，制定发布了《安徽省工程建设团体标准管理暂行规定》，鼓励在安徽省工程建设与管理等工作中应用工程建设团体标准，对工程建设团体标准制修订原则、编制程序、法律地位、监督要求等方面提出统一要求，规范安徽省工程建设团体化标准编制行为，确保编制质量；开展团体标准信息公开和第三方评估服务，提升团体标准社会认可度；严格地方标准立项审查，不再立项产品及非通用类产品应用标准，将此类标准划归团体标准范围，同时结合复审工作将地方标准中的此类标准转化为团体标准，并在安徽省地方标准中积极引用相关团体标准，以加大对团体标准的培育力度，促进其有序健康发展。

新疆维吾尔自治区反映工程建设团体标准起步晚，社会认可度及影响力不高，对外推广力度不足；相关部门或单位参与制定工程建设团体标准的动力不足，热情不高。认为应积极发挥社会各界的积极性推动团体标准的制定，强化团体标准的宣贯实施，树立典型，以点带面，加强团体标准行业推广力度，建立健全团体标准的监督机制。

（二）改革与发展建议

化工工程建议：一是调动企业编制团体标准的积极性。政府应尽快组织对一些已经颁布的团体标准进行评估，发现好的团体标准要及时转为国家标准或行业标准，畅通团体标准晋升国家标准或行业标准的渠道，对被转为国家标准或行业标准的团体标准给予一定资金支持或税收政策的扶持，并及时宣传，提高团体标准的社会认知度，发挥企业为团体标准编制的主体作用。二是给予团体标准发布单位政策扶持。允许团体标准发布单位向社会征集一定费用作为团体标准基金，用于维护标准实施监督和管理，形成良好的团体标准编制环境。三是严把团体标准质量关。团体标准是政府标准的完善和补充，起到及时解决快速发展领域无标准可依的问题，也是工作开展、检查验收的依据；必须严格控制质量，并加大社会监督。对团体标准质量高，采用频率高的团体标准发布单位给予一定奖金，以资鼓励。对团体标准质量有问题的要对发布单位整改，整改不合格的团体标准要废止。

水利工程建议：一是明确团体标准的定位和边界。团体标准应符合法律法规、强制性标准、国家有关产业政策规定。要充分发挥团体标准科技创新、适应市场需要的特点，要聚焦新技术、新产业、新业态和新模式，填补政府主导制定的标准空白，有针对性地开展团体标准编制工作。团体标准的技术要求不得低于强制性国家标准，建议不低于行业标准的相关技术要求。水利团体标准是水利国家标准和行业标准的有益补充，而不是对现有政府标准的拆分、组合、重复。二是进一步加强对团体标准的监管。进一步强化政府在团体标准制定过程中的监管职责，建立实施团体标准工作协调机制，研究制定相关工作规则。积极发挥政府对团体标准的规范、引导和监督作用，促进水利团体标准工作的规范化，保障水利团体标准健康有序发展。三是继续引导和鼓励各社会团体规范团体标准管理工作。鼓励社会团体设置开展标准化活动所必备的管理协调机构和标准制定技术机构，规范团体标准的立项和编制工作；鼓励社会团体制定完善的专利、版权政策，在标准化活动中充分体现公开、公平、透明、协商一致等原则；鼓励社会团体间开展团体标准合作，共同研制或发布标准。要求社会团体接受社会公众与新闻媒体对团体标准的监督，要认真实施团体标准监督制度，通过第三方评价机构对团体标准内容的合法性、先进性和适用性开展评估。对发现存在的问题，应及时进行改正，完善自身的监督机制，促进团体标准健康有序发展。

天津市认为团体标准的健康发展需要各社团组织不断提高标准化管理能力与水平，不断提高标准技术水平，既要坚持底线思维，以国家强制性标准为根本遵循，又要具有创新活力，体现团体标准弥补市场缺失和体现高质量发展的鲜明特征，用更高质量的团体标准供给市场。同时还需要社团组织团结一致，技术上相互支持，在团体标准编制过程中，形成工作合力，打造市场认可、政府放心的高质量的团体标准。

山东省建议：一是推动社会团体承接转化的政府标准，并在工程建设的技术方案和措施，创新成果工程应用等方面，加大团体标准制定力度，使团体标准成为配合工程规范和政府标准实施、满足市场供给的主体标准。二是鼓励社会团体制定更高水平、易于操作的"引领性"标准，"领先者"标准，发挥团体标准引领技术进步作用，满足创新和市场需求。三是按照满足市场和创新发展需要的要求，引导社会团体制定内容主要为工艺性、方法性、操作性及"四新"专项应用的"竞争性、方法类"团体标准。四是对于实施效果良好，且符合国家标准、行业标准、地方标准要求的团体标准，团体标准发布机构可申请转化为国家标准、行业标准、地方标准。

吉林省建议：一是进一步明确团体标准在工程建设中的作用和地位。加大宣传力度，鼓励积极选用团体标准。二是团体标准的国际分类号选定依据不明确，有些已经发布的团体标准分类号不准确，建议做一个系统的分类说明。三是完善团体标准的奖励机制，激励团体标准的发展。编制团体标准的奖励政策应该覆盖全部编制单位，不仅仅局限于编制主编单位。

安徽省建议：在团体标准改革与发展方面建议推动使用团体标准，鼓励引用团体标准；完善团体标准制度建设，严格团体标准编制管理；加强监督管理，严格团体标准责任追究。

新疆维吾尔自治区建议：一是政府有关部门发挥引导作用，推动团体标准实施；在制定行业政策和标准时，可直接引用具有自主创新技术、具备竞争优势的团体标准，促进团体标准的推广应用。二是行业协会、学会等社会团体是组织制定团体标准的主体，但目前多数都要依靠会员费维持，对于参与标准制定的单位或企业收取费用，用于标准的技术审查、发行、推广和培训等，对团体标准的专项资金扶持力度还远远不够。只有加大资金扶持力度，才能鼓励和吸引更多的高等院校、科研院所以及技术先进型企业和人员参与到团体标准的制定中。

第五章

工程建设标准化研究

一、强制性工程建设规范专题研究

为适应国际技术法规与技术标准通行规则，2016 年以来，住房和城乡建设部陆续印发《深化工程建设标准化工作改革的意见》等文件，提出政府制定强制性标准、社会团体制定自愿采用性标准的长远目标，明确了逐步用全文强制性工程建设规范取代现行标准中分散的强制性条文的改革任务，逐步形成由法律、行政法规、部门规章中的技术性规定与全文强制性工程建设规范构成的"技术法规"体系。

自 2017 年起，下达 205 项强制性工程建设规范研编计划，涵盖了城乡建设、石油天然气、石油化工、化工、水利、有色金属、建材、电子、医药、农业、煤炭、兵器、电力、纺织、广播电视、海洋、机械、交通运输（水运）、粮食、林业、民航、民政、轻工业、体育、通信、卫生、文化、冶金、邮政、公共安全和测绘 31 个行业领域。截至 2020 年底，城乡建设领域的 38 项强制性工程建设规范已进入报批阶段。

本节摘录强制性工程建设规范结构部分专题研究情况。

（一）工程结构通用规范

1. 编制思路

（1）编制工作的主要任务

1）调查研究国家相关法律法规、政策措施对结构作用和可靠性设计的相关要求，包括公共安全、环保、节能和防灾减灾等；

2）收集整理该规范所涉及的全部现行相关工程建设标准和强制性条文，研究论证相关内容纳入技术规范的必要性、可行性和相应的政策法规依据；

3）调研总结国外相关法规规范的构成要素、术语内涵和各项技术指标，并比较与我国的差异；

4）研究本标准的编制原则、适用范围、技术内容、表达方式以及与其他技术标准的关系等。

（2）规范条文的编制思路

1）标准体系要相对完整、逻辑关系明确。全文强制性标准不是现行规范强制性条文的汇编，应当保证其体系的相对完整性，而其条文体例应当符合强制性条文的编写规范。规范各部分的逻辑关系应当明确，不能出现含混不清的表述。

2）反映结构设计过程中需要强制的共性问题。该规范作为结构设计基础性规范，适用于包括混凝土、钢结构、砌体、组合结构等各种材料的结构设计，因此规范应当反映结构设计所面临的共性问题，以避免在各种材料设计规范中出现重复规定。

3）着重点在提要求，而非具体的操作方法。该规范具有强制性的特点，而工程情况千差万别。因此在标准编制过程，应当着眼点放在提要求上，重点在于要求结构设计实现预设的目标，而不宜过多的规定具体操作方法。

4）具体取值标准区别对待，有充分把握的作明确规定。作为强制性标准，标准中的所有条文都要求结构设计强制执行，因此制定具体的取值标准必须慎之又慎，避免出现安全隐患或者过于保守的情况。

2. 框架结构

该规范适用于各类工程结构，涵盖了现行《工程结构可靠性设计统一标准》GB 50153-2008 和《建筑结构荷载规范》GB 50009-2012 的全部强制性条文内容，并将以适当方式纳入相关规范的其他通用条文内容。

主要技术内容包括：规定结构设计应考虑的各类作用最低要求值及其组合要求；规定结构的安全等级和设计使用年限；结构设计应考虑的设计状况、对结构的功能要求和结构的极限状态分类；作用分类和作用组合的规则；极限状态设计表达式、基本变量设计值和作用组合效应设计值的确定方法等。

规范共分6章，分别是总则、基本规定、结构设计、施工及验收、维护及拆除和结构作用。

第1、2章为该规范的总则和基本规定，第3~5章是对工程结构设计、施工和拆除各建设过程的强制性要求，第6章是作用取值的强制性要求。

3. 与国外标准的比较

该规范的内容架构大致相当于欧洲标准的 EN1990（结构设计基础）和 EN1991（结构上的作用），在此基础上，考虑到该规范并非针对特定环节的强制要求，补充了施工验收和维护拆除章节。

该规范的主要技术内容与国际标准和国外先进标准基本一致。

（1）国际标准

国际标准是由国际标准化组织制定、各成员国自愿采纳或借鉴的技术标准。

国家标准化组织制定的、与该规范相关的，主要有以下标准：

ISO 2103 Loads due to use and occupancy in residential and public buildings

ISO 2394 General principles on reliability for structures

ISO 3010 Seismic actions on structures

ISO 3898 Names and symbols of physical quantities and generic quantities

ISO 4354 Wind actions on structures

ISO 4355 Bases for design of structures-Determination of snow loads on roofs

ISO 4356 Deformations of buildings at the serviceability limit states

ISO 9194 Bases for design of structures-Actions due to the self-weight of structures, non-structural elements and stored materials density

ISO 10137 Serviceability of buildings and walkways against vibrations

ISO 11697 Loads due to bulk materials

ISO 13033 Bases for design of structures-Loads, forces and other actions-Seismic actions on nonstructural components for building applications

ISO 13824 Bases for design of structures-General principles on risk assessment of systems involving structures

ISO 22111 Bases for design of structures-General requirements

ISO 23469 Seismic actions for designing geotechnical works

（2）欧盟标准

欧盟标准是该规范重点关注的国际标准，该标准由欧盟成员国共同制定，由各成员国标准管理机构发布后实施。

欧盟标准与该规范相关的，有以下标准：

EN 1990 Basis of structural design

EN 1991-1-1 Eurocode 1：Actions on structures-Part 1-1：General actions-Densities，self-weight and imposed loads for buildings

EN 1991-1-2 Eurocode 1：Actions on structures-Part 1-2：General actions-Actions on structures exposed to fire

EN 1991-1-3 Eurocode 1-Actions on structures-Part 1-3：General actions-Snow loads

EN 1991-1-4 Eurocode 1：Actions on structures-Part 1-4：General actions-Wind actions

EN 1991-1-5 Eurocode 1：Actions on structures-Part 1-5：General actions；Thermal actions

EN 1991-1-6 Eurocode 1-Actions on structures Part 1-6：General actions-Actions during execution

EN 1991-1-7 Eurocode 1-Actions on structures-Part 1-7：General actions-Accidental actions

EN 1991-2 Eurocode 1：Actions on structures-Part 2：Traffic loads on bridges

EN 1991-3 Eurocode 1-Actions on structures-Part 3：Actions induced by cranes and machinery

EN 1991-4 Eurocode 1-Actions on structures-Part 4：Silos and tanks

（3）其他国外标准

国际建筑规范（International Building Code，IBC）是由国际规范委员会（International Code Council，ICC）编制的一部国际规范。ICC 是一个由会员组成的致力于建筑安全、防火与节能规范的组织，其制定的规范用于包括住宅及学校在内的商用及民用建筑。大多数美国境内的州、市和县选择采用由国际规范委员会制定的国际规范和建筑安全规范作为当地的技术法规。美国之外也有一些国家参考使用该规范。

比较重要的其他国外规范如下：

International Building Code

ASCE 7 Minimum Design loads for Buildings and Other Structures

ASCE 41180 Wind loads for petrochemical and other industrial facilities

AS 1170.0 Structural design actions-Part 0：General principles

AS 1170.1 Structural design actions-Part 1：Permanent，imposed and other actions

AS 1170. 2 Structural design actions-Part 2：Wind actions

AS 1170. 3 Structural design actions-Part 3：Snow and ice actions

AS 1170. 4 Structural design actions-Part 4：Earthquake actions

MLIT（Japan）Basis of Structural Design for Buildings and Public Works

AIJ（Japan）Recommendations for Loads on Buildings

（二）混凝土结构通用规范

1. 编制思路

混凝土结构作为我国工程建设最常用的材料结构之一，保证其安全、适用、经济、质量至关重要。该规范作为通用技术类规范，以项目规范中重复的、具体的性能要求和关键技术要求为主要内容。其条文应具有原则的共性，除制定满足性能要求的规定如材料性能、设计使用年限、安全等级等外，还应完善各类别工程的设计原则、基本构造等。同时应兼顾个性，针对不同类别工程标准的特点提出不同的具体指标，通过分析不同类别工程的作用、工作环境及其对性能目标的影响，结合现行各类型工程标准相关内容，给出各分类工程应满足的指标。

2. 与国际标准在内容架构和要素构成等方面的一致性程度

美国房屋建筑混凝土结构规范（ACI 318）从混凝土的材料性能、结构设计、结构细部构造和非建筑结构方面作了规定，适用于现浇结构、预制结构、预应力结构、复合结构等结构体系的组成和连接、设计和施工、适用性、耐久性、荷载组合、结构分析方法、机械和胶粘剂混凝土锚固、加固开发与拼接、施工文件信息和现有结构强度的评估。

欧洲混凝土结构设计规范第一分册（EN1992-1-1）给出了混凝土结构安全性、使用性和耐久性的原则和要求及针对建筑结构的特别规定。EN 1992-1-1 包含以下章节：概述；设计基础；材料；钢筋耐久性和保护层；结构分析；承载能力极限状态；正常使用极限状态；钢筋和预应力筋；构件设计和特殊规则；关于预制混凝土构件和结构的补充；轻骨料混凝土结构；素混凝土和少筋混凝土结构；附录。

该规范的主要技术内容包括了混凝土结构材料性能要求；混凝土结构性能要求，混凝土结构设计方案要求（结构布置、结构性能化设计、抗震概念设计等）、混凝土结构设计原则（承载力设计、使用性设计、耐久性设计、抗震设计等）；结构分析要求；混凝土构件承载能力极限状态、使用性极限状态验算，耐久性设计要求；混凝土结构构造要求；抗震设计要求；混凝土结构施工要求。适用于混凝土结构设计、施工与验收、维护及拆除。

由以上可以看出，该规范在适用范围、章节架构和技术内容方面与美国、欧洲混凝土结构规范有不同之处。

3. 与国际标准和国外先进标准的对比情况和借鉴情况

该规范的编制参考了发达国家建筑混凝土结构规范（标准）的覆盖面和细度，同时兼顾条文的系统性和完整性。但该规范与发达国家规范存在差异之处，主要有以下几点：

（1）美国建筑规范条文说明主要为引向能为实施规范的要求和意图提供建议的其他文件。但是，这些文件以及条文说明都不是规范条文的组成部分。而且，美国建筑规范不具有法律地位，除非它被具有政治权利管理建筑设计和实施的政府实体所采纳。而该规范则是强制性的法律文本，条文说明则是对这些规范文本的解释说明，违反了其中的强制性条文就有可能受到处罚。

（2）欧洲、美国规范的各类材料的标准强度取值原则也与中国规范不同。当需要具体对比欧美规范和中国规范相应材料的设计可靠度水准时，需注意查清"作用"和"抗力"各方所涉及的各项因素在取值原则和取值依据上的一系列重要区别。

4. 发达国家技术法规对比和借鉴情况

美国、加拿大、澳大利亚、欧盟等经济发达国家和地区均实行一套较为完整的建筑技术制约体制。各经济发达国家和地区的技术制约文件，虽有多种表达形式，但经过多年的发展，已趋同于一种基本模式，即 WTO/TBT 协定所规定的技术法规与标准相结合的模式。国家以制定、颁布和实施技术法规为主，辅之以技术标准和合格评定程序。

建筑技术法规内容多由两方面构成：管理要求和基本技术要求，如英国、美国、德国、日本等。管理要求包括建筑工程管理和建筑标准化管理两个方面。基本技术要求依照 WTO/TBT 协定规定的目标范围，包括结构安全、防火安全、施工与使用安全、卫生、健康、环境、节能、无障碍、可持续性等。建筑技术法规内容为偏原则性内容，更详细具体的技术内容引用了其他强制性标准。

我国现行法律、法规和标准体系与发达国家存在较大差异。如果直接将其技术法规规定与拟编制的全文强制性规范进行对应，仅对基本性能进行规定，则与当前的中国国情落差过大，实践上存在困难。但该规范在编制原则和目标上借鉴了发达国家建筑技术法规：规定了设计、施工、验收维护与拆除过程中技术和管理要求；编制目标为规范建筑市场，保障人身健康和生命财产安全、国家安全、生态环境安全，满足经济社会管理的基本需要。

（三）砌体结构通用规范

1. 中外对比研究

在中外对比研究方面主要开展了以下工作：完成相关欧洲规范、俄罗斯砖石结构规范的翻译、校对、对比等工作；完成中英建筑技术法规体系对比研究工作；完成欧盟与我国砌体结构技术标准技术内容的对比工作；同时对部分技术内容进行了专项对比分析，包括砌体规范中砌筑砂浆条文国内外标准差异分析、国内外标准对砌体位置及尺寸的公差的比较分析等。

2. 中欧标准的对比情况

（1）砌体结构设计基础

中国和欧盟都对结构的安全性、适用性和耐久性提出了基本要求，都采用极限状态设计方法。对一般的无筋砌体结构，我国目标可靠度指标为 3.7，欧盟为 3.8，略低于欧盟。

（2）材料

确定材料强度的试验方法不同。均给出了抗压、抗剪、抗弯、弹性模量、剪切模量、湿膨胀或收缩和线膨胀系数。中国给出了抗拉强度、摩擦系数指标。欧盟给出了徐变指标。

（3）耐久性

砌体耐久性根据环境类别和结构使用年限来进行设计，中国和欧盟都根据建筑物所处的不同环境条件分为五类来进行设计。所不同的是，欧盟规范将这个分类进行了细分，以便与材料的选择和构造的区分。

（4）结构分析

中国：根据横墙间距、楼（屋）盖刚度和横墙刚度，将房屋的结构计算简图分为三种：刚性方案、刚弹性方案和弹性方案；对于配筋砌块砌体房屋，结构的内力和位移按弹性方法计算。

欧盟：提出了结构响应可以由非线性理论和线弹性理论两种方法之一来分析，指明应分析出构件的轴力、弯矩、剪力和扭矩，利用这些内力进行承载力极限状态和正常使用极限状态的验算。

区别：欧盟的允许高厚比与砂浆强度等级、块体类别、是否配筋、开洞等无关；墙体有效高度考虑了墙体四周的支承条件、带壁柱墙的验算等。

（5）承载力极限状态

计算内容基本相同（承受竖向荷载、剪切荷载、横向荷载的无筋砌体墙、受弯、压弯配筋砌体构件、受剪配筋砌体构件、预应力砌体、约束砌体、拉结件等）。也存在一些不同，如计算模型不同：承受竖向荷载的墙体欧盟采用简化框架法；对承受集中荷载的墙欧盟采用应力扩散理论分析砌体结构局部受压，中国则考虑了由于内拱作用产生的上部荷载的卸载作用。

（6）正常使用极限状态

中国和欧盟规定比较类似，如欧盟规定在无筋砌体结构中，当满足承载能力极限状态时，对于裂缝和挠度，无需单独验算正常使用极限状态。中国规定砌体结构按承载能力极限状态设计，并满足正常使用极限状态要求。

（7）构造

中国和欧盟均对砌体构造、钢筋构造、约束砌体构造、墙体连接、防潮层、开槽、变形等构造作出了规定，但有些指标低于中国，如最低砂浆强度、最小墙体厚度、最小配筋率等。

（四）钢结构通用规范

1. 开展的主要试验和论证情况

编制组进行相关试验、文献以及国内外规范对比、分析、论证，先后对国内外强制性条文标准进行了梳理，形成了"国内钢结构相关规范调研"报告，并对重复的条文进行了归并和吸收，对国外钢结构相关规范进行了收集、整理，形成了"国外钢结构相关规范调研"报告，并开展了相关条文讨论和论证，其中针对与我国建筑法规框架-体系近似的"欧洲规范""日本建筑基准法"开展了专项研究，并翻译了"欧洲钢结构设计规范"和"欧洲铝合金设计规范"，形成了《欧洲钢结构设计规范翻译》《欧洲铝合金结构设计规范翻译》及《日本建筑基准法研究报告》。借鉴其中具有国际性、通用性的设计方法，例如安全等级类别、板件宽厚比类别、工业厂房舒适度、焊缝的计算厚度和计算长度、螺栓抗剪承载力等方面均借鉴了"欧洲钢结构规范"的一些技术，并开展了专项论证，形成条文纳入《钢结构通用规范》。

2. 与国际标准的一致性

（1）规范体系的一致性

欧洲钢结构设计规范（后简称EC3）由如下六个部分组成。第一部分为钢结构设计通用规定以及建筑结构设计的专门规定，其余各部分根据结构用途分别给出了钢桥、塔、桅杆、烟囱、筒仓、储槽、管道、钢桩、起重机支承结构的专门（补充）设计规定。目前的框架体系也是分为基本规定、材料、构造、结构体系、施工与验收、加固、改造几个部分，其中结构体系中根据结构具体用途进行了分类，在框架设计方面与先进国际标准具有一致性。

（2）指引方式的一致性

框架体系及编制思想借鉴了国外发达国家的先进体系，特别是"欧洲规范"体系，目前欧洲规范体系采取"通用规定＋专门（补充）规定"的编排方式。EC0 为通用的基本设计规定，EC1 为通用的荷载作用规定，其余几本规范大体上是区分建筑材料种类给出的专门设计规定，EC8 给出抗震设计的专门规定。对于钢结构设计，应同时遵循 EC0、EC1、EC3，涉及抗震验算时还应遵循 EC8。《钢结构通用规范》也采用了平行规范之间相互指引的方式，特别是对于荷载、抗震、加固等条文更多的是指引到《工程结构设计通用规范》《建筑和市政工程抗震通用规范》《既有建筑鉴定与加固通用规范》等通用规范，这与"欧洲规范"体系是非常一致的。

（3）国际符号的一致性

在坐标轴符号、几何尺寸符号、荷载效应、荷载与抗力系数符号、各类强度指标、截面及构件特性参数的符号表征方面也与国际接轨，采用了国际通用的符号表达。

（4）材料的一致性和协调性

在编制说明中给出了材料性能及选材的相关规定，给出了各类钢材产品力学性能指标、工艺性能指标及化学成分指标的原则性要求，同时给出相关产品标准，并在规范中以表格形式给出常用钢材牌号的设计指标值；针对连接紧固件、焊接材料、冷弯薄壁型钢材料、铸钢件、不锈钢材料也给出了相关标准并表列常用材料设计指标。可见，材料性能及选材原则方面，《钢结构通用规范》与欧规 EC3 基本一致。

（5）规范内容范围的一致性

在内容覆盖范围方面做到了与欧美规范的一致性，甚至覆盖面更为全面。目前美国规范和《钢结构通用规范》都给出了防护、涂装、防火设计、施工、详图内容。《钢结构通用规范》还给出了钢结构防护的一般规定（包括绿色施工的要求）、防腐蚀设计与施工、耐热设计与施工等方面的规定。在安装与验收方面，《钢结构通用规范》和美国规范都给出了钢结构安装的相关规定；《钢结构通用规范》还增加了验收、检测、鉴定与加固、焊接工艺和焊接检验方面的规定。

3. 与国际标准对比情况

编制组对大量国内外相关政策法规和规范标准进行了比较研究，形成了包含《国内相关规范与强制性条文汇编》《国外相关规范对比研究》《欧洲钢结构设计规范翻译》《日本建筑基准法研究报告》四部研究报告。同时，统计分析了 227 本与钢结构相关的国内标准，其中 141 本标准具有强制性条文，与钢结构有关的强制性条文共 1020 条。

（五）木结构通用规范

1. 编制思路

（1）研究国际以及国外发达国家（以英国的法规规范为重点，以欧盟、加拿大的法规等为辅助）建筑技术法规、强制性技术标准的编制模式、技术内容、条文表现形式、实施方法等，作为研编参考。

（2）收集、研究分析我国相关法律法规、部门规章、规范性文件等对建筑结构尤其木结构安全、环保、节能等方面的要求。

（3）收集、梳理、研究分析我国现行工程建设标准中有关木结构的强制性技术规定（强制性条文），不能有遗漏；研究确定可以纳入《木结构通用规范》的技术条款以及需要补充完善的技术内容，达到逻辑性、系统性、完整性要求。

（4）根据《木结构通用规范》在工程建设标准体系里的地位和基本要求，《木结构通用规范》技术内容严格限制在保障人身健康和生命财产安全、国家安全、生态环境安全及社会经济可持续发展的基本管理要求的范围内，包括但不限于木结构强制性基本条款、基本技术参数和技术指标、基本技术措施等。

（5）明确《木结构通用规范》与现行技术标准的依存关系，以及与工程建设标准体系中其他强制性标准的依存关系，做到协调统一、避免矛盾。

2. 与国际标准的对比借鉴情况及一致性程度

欧、美、加等发达国家的建筑标准体系主要包括法规性标准和技术性标准两个层面。法规性标准具有法律效力且强制执行；技术性标准属于非法律效力文件，自愿采用，但它往往是建筑法律法规引用的重点对象。被法律法规引用后即具有与技术法规相同的法律地位，强制执行。

3. 亮点与创新点

（1）基本实现了木结构多专业、全寿命的覆盖

规范条文涉及木结构材料、设计、施工、验收、维护与拆除，涵盖木结构多个专业和全寿命周期。

（2）结合国内外先进经验，优化规范结构与技术内容

规范条文来源包括：引用国家标准中的强制性条文与部分推荐性条文、借鉴国际上先进的条文、为满足规范完整性和逻辑性而新增的条文。针对源自国家标准的部分条文，并根据"确定底线要求、宁缺毋滥"的原则进行凝练与提升。

（六）组合结构通用规范

1. 开展的主要试验和论证情况

编制组专家历时1年的时间完成了以下8个专题的研究工作，同时翻译对比分析了欧洲组合结构设计标准及日本建筑基准法及告示。其中8本专题研究分别为：组合结构基本类型与《组合结构通用规范》适用范围、现有与组合结构相关的强制性条文汇总、现行技术法规在组合结构技术领域的要求及整理归纳、组合结构关键技术环节、钢结构和混凝土结构中与组合结构相关的条款研究、组合结构桥梁、复材组合结构、国外相关法规规范研究情况。

2. 与法规政策的符合性情况

编制组开展了现行技术法规在组合结构技术领域的要求及整理归纳的专题研究，主要研究的法律法规见表5-1。

通过研究，采纳或借鉴了国家相关法律法规、政策措施的相关规定共5条，占整个条文数量的5%。

与组合结构相关的主要法律法规　　　　　　　　　表 5-1

层次	名称	监管内容
国家法律	《中华人民共和国建筑法》	材料、资质、审批
	《中华人民共和国防震减灾法》	设计、审查
	《中华人民共和国标准化法》	标准、新技术
国务院条例	《建设工程勘察设计管理条例》	设计
	《建设工程质量管理条例》	质量
	《建设工程安全生产管理条例》	安全
部门规章	《房屋建筑工程抗震设防管理规定》	抗震
	《工程建设国家标准管理办法》	标准

3. 相关强制性条文及引用情况

对国内现行 8 部与组合结构相关的技术标准中的强制性条文进行了总结，共有 23 条强制性条文，经过研究分析，其中 15 条采纳，5 条部分采纳，采纳和部分采纳占 87% 以上；3 条不采纳，主要原因是条文的内容属于必然要求，不宜作为强制性规定。

4. 与国际标准和国外先进标准的对比情况和借鉴情况

编制组翻译与对比分析了欧洲规范 4（EC4）分别为：

（1）钢-混凝土组合结构设计—第 1-1 部分：一般规定与建筑设计；

（2）钢-混凝土组合结构设计—第 1-2 部分：结构抗火设计；

（3）钢-混凝土组合结构设计—第 2 部分：总则与桥梁设计。

《欧洲规范 4：第 1-1 部分》主要给出钢-混凝土组合梁和组合柱构件的在承载力极限状态和正常使用极限状态下的各项技术指标，并给出了建筑框架中的组合节点和建筑中的压型钢板组合板的相关技术要求。《欧洲规范 4：第 1-2 部分》按照复杂程度和使用便利性等，给出了 3 种方法，可满足不同需求情况下抗火设计的要求。该规范针对各种结构的设计方法是以常温下结构设计方法为基础，对高温下的荷载效应、结构抗力等进行修正，设计思路清晰，便于工程设计人员使用。《欧洲规范 4：第 2 部分》包含通则、设计基础、材料、耐久性、结构分析、承载能力极限状态、正常使用极限状态、预制混凝土桥面板、桥梁中的组合板的相关内容。

另外，编制组还对日本标准摘录翻译与对比分析，主要是日本建筑基准法及告示中的钢结构和组合结构标准。日本《建筑基准法》及《建筑基准法施行令》含有针对钢骨钢筋混凝土结构、充填混凝土钢管结构、压型钢板组合结构等的相关条文规定，具有一定的借鉴意义。

通过对比分析，得出以下几个启示和借鉴：

（1）从格式上，欧洲规范把建筑和桥梁分成两部分，由于技术内容细化，这样处理便于技术上分割，不会引起混乱；但该规范不强调技术细节，只强调强制性内容，且条文简练，因此，将建筑与桥梁分成两节，以体现其区别比较合适。

（2）从内容上，欧洲规范仅限设计环节，章节内容的设置以设计过程为主，而该规范强调组合结构的全生命周期，这一点上两者区别很大，这也是该规范编制的最大特点之一。

（3）日本《建筑基准法》及《建筑基准法施行令》是分层次的，相当于技术法规＋技术标准，其内容由粗到细形成一个体系。该规范编制可以借鉴日本比较高层次的内容和技术措施的强制性要求。

5. 主要亮点与创新

（1）该规范实现了双覆盖，一是覆盖了设计、施工、运行、维护、拆除、再用全寿命周期；二是涵盖多种组合结构构件和体系，例如：构件涵盖组合梁、组合楼板、钢管混凝土柱、型钢混凝土梁柱墙、钢板组合剪力墙等；材料涵盖钢材、混凝土、木材、复合材料等；体系涵盖建筑组合结构、桥梁组合结构以及混合结构体系等。

（2）对组合结构用材料突破了原设计规范指定材料牌号的做法，大大扩宽了材料选用范围，对材料和组合结构应用起到促进作用。

二、工程建设标准化典型案例分析

（一）国家标准《公共建筑标识系统技术规范》GB/T 51223－2017 保障人流安全、有序、高效的流动

《公共建筑标识系统技术规范》GB/T 51223－2017 是公共建筑环境空间标识系统工程建设领域跨行业、跨专业和跨学科的基本概念体系和技术标准的通用性标准。该标准主要适用于公共建筑标识系统新建或更新工程的规划、设计、制作、安装、检测、验收和维护保养等。

我国公共建筑环境空间中对各类标识需求急速膨胀，行业发展迅猛，以动态标识为代表的新技术不断涌现。该规范的编制完善了公共建筑环境空间标识系统工程共用和需要协调一致的基本概念体系和技术标准，从而有助于我国标识设置理念的提升；有助于提升我国标识工程的设置水平，缩短与国际水准差异；有助于国家及相关部门对标识行业质量的管控，规范化标识行业促使其健康发展；有助于提高建筑物业管理的水平，是向现代化管理水平过渡的重要标志；有助于保证人们在空间有序的流动，提高效率，保障安全。下面2个案例充分体现了该规范在实际项目中发挥的重要作用。

1. 公共交通枢纽

福田高铁站是京港高铁在中国大陆最南端一站。车站建筑面积相当于 21 个足球场，位于深圳市中心道路正下方，四周高楼林立，外部交通环境复杂，站内汇聚多条地铁、公交、出租，旅客出入口多达 32 个，建成时是世界上建筑面积最大的全地下超大型高铁车站。如何能够确保这座超级车站有序、高效的运行，给导向标识系统的设计及施工均带来极大的挑战（图 5-1）。

该工程的标识体系建设项目践行了《公共建筑标识体系统技术规范》GB/T 51223－2017 应用。该项目标识系统设计横跨工程与艺术两大体系，既要满足功能需求，也要满足视觉与空间环境的美学需求。从公共交通枢纽各层区域空间关系、旅客需求及使用方需求出发，对旅客进出站及换乘动线进行分析，得出恰到好处的点位和标识信息。在功能设计上达到了规划科学合理，信息表达逻辑清晰，视距与空间尺度恰当舒适，材料、工艺、结构和电气设计科学规范，在艺术设计上也能充分展现中国高铁的特有气质，整体系统设

图 5-1　福田高铁站

计简洁，大方、庄重、经典。该项目依据《公共建筑标识系统技术规范》GB/T 51223－2017 要求，在生产和施工流程的绿色环保方面，从选材、工艺、安装方式上作出了降污、降噪、降尘的严格要求，最大限度保证绿色可持续发展路线。

该项目的经验总结对我国的公共交通枢纽标识体系建设有重要的指导性意义，也对公共交通枢纽标识领域相关方开展项目提供了重要的技术依据。此后项目经验运用到哈尔滨站、杭州南站枢纽、洛阳龙门枢纽标识系统、新白广城际标识系统、杭绍城际标识系统、北京朝阳站、雄安站等公共交通枢纽标识系统建设中，对践行新理念，构建新格局起到了突出的促进作用。

2. 公共服务建筑

在经济全球化、社会信息化的进程中，我国医院已进入了数字化和信息化时代。医院信息化使医院工作流程发生了改变和创新，并使医院得到了全面的发展。但医院如何为广大患者更好地提供方便、便捷、准确、高效的服务，对传统标识系统规范化、标准化应用提出了更高的要求。广州市妇女儿童医疗中心南沙院区位于广州市南沙区市南大道市南公交站南侧，项目总建筑面积 155923m²，地上最高九层，地下二层（图5-2、图 5-3）。

该项目在建筑规划初期就将标识规划设计纳入建筑规划子系统，通过规范公共建筑标识系统的规划设置，统一公共建筑标识系统的设置技术标准，提高了公共建筑标识系统的设计、制作、检测、验收和维护保养水平，有效实现标识系统在建筑空间秩序中的无声管理职能，提高了工程建设质量，保障人流安全、有序、高效的流动。该项目遵循《公共建筑标识系统技术规范》GB/T 51223－2017 和《绿色医院建筑评价标准》GB/T 51153－2015 等相关标准，有效保障了建筑标识系统的科学化和规范化，在建筑设计和标识设计领域实现了并遵循"安全高效，经济合理，环境友好、资源节约"的理念。

（二）国家标准《公园服务基本要求》GB/T 38584－2020 支撑行业发展，助力疫情防控

在我国公园服务工作实践中，标准化的作用凸现，全国各地都在积极探索公园服务的标准化道路。实践表明，标准化让公园服务走上了规范化和制度化之路，是公园实现精细化管理的必经之路。《公园服务基本要求》GB/T 38584－2020，于 2020 年 3 月 31 日发布，该标准明确了公园服务工作的总体原则，首次对不同类型的公园分别提出了服务要求，通过规范各类型公园的服务内容旨在建立健全公园服务管理制度，强化服务的过程及结果，提高工作效率和服务质量。

同时，该标准以当下社会发展需求为出发点，为满足游客不断提升的对公园生态化、人文化、精细化的要求，提出以为公众提供智慧服务为发展方向、注重地域文化和地域景观特色的保护与发展等公园服务理念，有助于为游客提供精细化服务，进一步提高公园环境质量、保证游客游园安全、提升公园服务品质等。

此外，公园作为新型冠状病毒肺炎疫情防控期间百姓重要的户外休憩活动场所，应体现在突发公共卫生事件及各类灾害发生时的功能。该标准首次提出公园可运用大数据云计算、移动互联网、信息智能终端等新一代信息技术，对服务过程进行数字化表达、智能化

设计主题：律动的生命，百变的标识，友好的纽带。

项目名称：
广州市妇女儿童医疗中心南沙院区标识系统
建筑设计：
广东建筑设计研究院
项目位置：
广州市南沙区市南大道市南公交站南侧
项目总建筑面积：155923平方米
建筑特色：
风扇、积木

设计目标：让标识成为医患关系友好的纽带——关键词"完善、亲和、友好、智能"。

设计定位：律动童趣（DNA智慧元模方组合）、标准化灵活性（标准化六联模方，万形万变）、可持续设计（循环利用，便于扩展）。

设计原则：适用、安全、协调、通用、完善、亲和友好、智能、环保节能

律动的生命，百变的标识(1)

图 5-2　广州市妇女儿童医疗中心南沙院区标识设计概念方案图

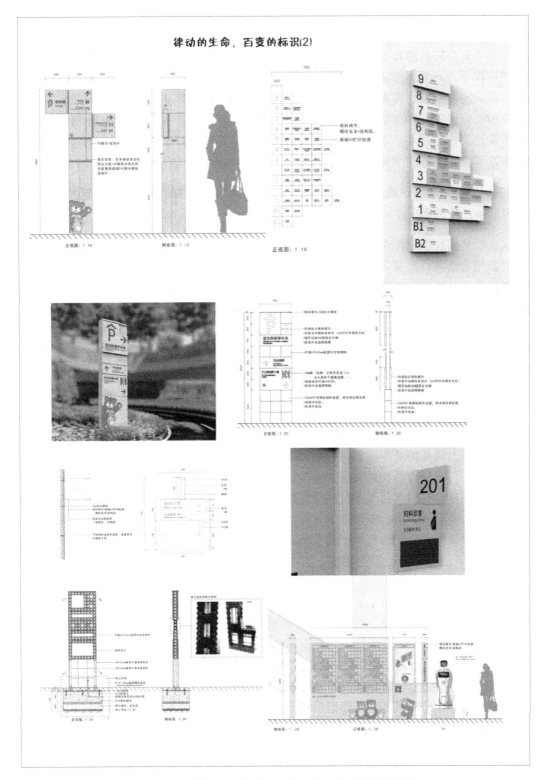

图 5-3 广州市妇女儿童医疗中心南沙院区标识设计图

控制和管理。可对客流情况、停车情况、游览情况等做到预知、预报、精准限流。在公园应对当前疫情的过程中，发挥了巨大作用，为公园精准服务和高效管理提供科学决策依据。标准中对公园的游客安全、环境卫生、绿地养护、科普宣传等均提出了要求，可在疫情防控过程中，对各类公园的运行管理提供指导依据。

因此，通过制定、发布和实施《公园服务基本要求》，将进一步规范公园服务行为，促进我国公园服务工作高质高效管理、规范化服务、科学化评价，对全国公园服务管理工作具有重要的指导意义。该标准有助于改善人居生态环境和城市品质，进一步推动我国公园城市发展，为生态文明建设助力。

（三）国家标准《城镇燃气设计规范（2020年版）》GB 50028-2006，促进能源安全和燃气储备产业发展

城镇燃气供气稳定性是关乎城镇能源供应安全的大事情，因此城镇燃气应具有一定程度的气源能力储备，除满足调峰工况供气需要外，还应对应急工况具有一定的保障能力，调峰储备是为平衡供气和用气的不均匀性进行的储气，应急储备是为应对突发事件的储气。气源能力储备的方式一般包括设置气源富裕和备用生产能力及设施、设置储气设施、设置可替代气源等。对于天然气气源，还应具有一定规模用于保障国家天然气能源安全需要的气源能力储备，利用大规模储气设施应对国际政治、经济、军事形势的变化，储气方式主要为地下储气库，辅以液化天然气接收站等。

《城镇燃气设计规范》GB 50028-2006经过局部修订，于2020年6月1日开始实施。《城镇燃气设计规范（2020年版）》贯彻了国务院2018年8月30日发布的《关于促进天然气协调稳定发展的若干意见》（国发〔2018〕31号）等相关政策要求，补充完善城镇燃气气源能力储备的基本要求、调峰和应急储备责任主体、储备规模和方式、储备能力投送、可替代气源应用等相关要求。标准实施后，将有效促进我国城镇燃气气源储备产业的发展，特别是在我国天然气消费持续快速增长、气源对外依存度日益严重的形势下，根据国家相关产业政策，结合本标准的有关规定，落实储气责任主体、完善储气设施建设将能够有效缓解我国天然气储气设施建设不充分、发展不平衡的矛盾。

（四）行业标准《生活热水水质标准》CJ/T 521-2018支撑产业发展

鉴于目前我国没有针对生活热水规定的水质标准，生活热水系统和生活饮用水采用相同的水质标准，在很大程度上造成了热水供水的安全隐患，且随着我国新的社会主要矛盾——人民日益增长的美好生活需要和不平衡不充分的发展之间的矛盾的转换，制定"生活热水水质标准"，保障热水用水安全和健康，十分必要。在现有《生活饮用水卫生标准》GB 5749-2006基础上，结合集中生活热水系统水质的特点及使用方式，以保障用水者健康安全为目的，住房和城乡建设部组织制定了《生活热水水质标准》CJ/T 521-2018，并于2018年4月3日发布。该标准首次提出了集中生活热水供应系统水质指标及限值，首次提出了集中生活热水供应系统消毒剂余量指标极限值，填补了我国针对生活热水水质保障依据的空缺，对公共建筑集中热水系统进行水质检测时也提供了依据。

随着人们生活水平的提高，人们对生活热水的需求日益突出，大型宾馆、医院等都有集中生活热水系统的设置。《生活热水水质标准》的编制，是随着社会的进步不断提高生活热水水质安全保障依据的必不可少的环节，该标准的建立，可有效地约束集中生活热水系统的出水品质，保障集中生活热水系统使用的安全性，促进集中热水系统设计的改良进步，促进保障热水水质安全的技术的研发与改进，具有较高的社会经济效益与环境效益。

（五）行业标准《建筑工程施工现场监管信息系统技术标准》JGJ/T 434－2018，城市建设智慧监管平台助力建筑产业转型

目前，建筑行业普遍存在着安全生产隐患难防、扬尘噪声污染、监管效能等问题。如何加强施工现场安全管理、降低事故发生频率、杜绝各种违规操作和不文明施工、提高建筑工程质量，是摆在各级政府部门、业界人士和广大学者面前的一项重要研究课题。

住房和城乡建设部信息中心认真总结实践经验，参考有关国际标准和国外先进标准，并在广泛征求意见的的基础上编制了《建筑工程施工现场监管信息系统技术标准》JGJ/T 434－2018，并于 2018 年 7 月 1 日起实施。

"南京模式"下的城市建设智慧监管平台遵循《建筑工程施工现场监管信息系统技术标准》JGJ/T 434－2018 要求，利用符合标准的环境监管数据采集设备、从业人员实名制监管数据采集设备、视频监控设备，通过对现场安全隐患排查、人员信息动态管理、扬尘监测管控等功能模块进行实时监控。通过信息化手段提高发现和处置问题的时效性，一方面督促企业切实落实安全主体责任，另一方面有利于合理配置监管资源，实现差别化监管。城市建设智慧监管平台通过实名制系统建立劳务人员的基本信息档案，包括安全教育情况、良好行为、不良行为、奖惩信息等，自动生成省内统一的劳务人员二维码信息等，通过与实名制系统对接，实现劳务人员现场实时考勤。同时扬尘监测设备根据要求按照国家统一数据标准数据上传到智慧监管平台，通过监测数据（包括 $PM_{2.5}$、PM_{10}、噪声）实现扬尘数据统计与分析、扬尘数据的实时分析、日分析、监测月报，并根据分析结果，对片区内的扬尘管控情况进行公示和差别化管理，提升现场施工环境综合管控水平。摄像头在线浏览、远程读取、传输和显示各智慧工地施工现场大门口、冲洗设施、主要作业面等部位实时监控数据。

2020 年，一场突如其来的新冠肺炎疫情席卷了整个中国。南京市委、市政府紧急决策，在现有市公共卫生医疗中心（市第二医院汤山分院）收治能力基础上应急扩容，为全市防疫收治能力加上双保险。紧急召集人员赴现场进行踏勘并编制智慧工地建设方案，协助搭建智慧工地系统，共完成 9 个点位共 19 路视频、1 套扬尘噪声监测设备的接入。本次智慧工地接入除了远程视频监控、扬尘噪声在线检测外，新增红外测温系统及无人机航拍监测。针对公共场所普遍存在的人体测温需要，保护一线建设者身体健康，采用红外线人体测温系统，建立 2 个测温通道，工作人员经通道进入现场。可实时显示人员面部温度，实现远距离、全覆盖、无接触测温，更精准、更快捷，有效降低测温人员的感染情况。同时无人机远程监控项目现场，智慧工地监管平台全方位守护防疫第一线。

"南京模式"下的城市建设智慧监管平台利用信息化手段，按照"提升行业监管和企业综合管理能力、驱动建筑企业智能化变革、引领项目全过程升级"的总体要求，将施工现场所应用的各类小而精（杂）的专业化系统集成整合，利用物联网等先进信息化技术手段，提高数据获取的准确性、及时性、真实性和完整性，实现施工过程相关信息的全面感知、互联互通、智能处理和协同工作。采集、集成和应用散落在项目、企业、政府等各个层级的建筑施工海量数据，利用互联网、物联网、大数据分析等技术助力建筑产业的数字化、信息化变革，驱动产业转型升级，建设形成涵盖现场应用、集成监管、决策分析、数据中心和行业监管等五个方面内容的智慧工地，切实提升本地区的安全生产管理水平，实现广大事故、死亡人数"双下降"。

第六章

工程建设标准化发展与展望

一、工程建设标准化"十四五"时期发展方向[1]

2020 年全国住房和城乡建设工作会议总结了"十三五"时期住房和城乡建设事业发展取得的历史性新成就，提出了紧扣"三个新"，切实做到"三个着力"的总体要求，即：紧扣进入新发展阶段，着力推动"十四五"时期住房和城乡建设事业实现新的更大发展；紧扣贯彻新发展理念，着力推进住房和城乡建设发展方式转变；紧扣构建新发展格局，着力发挥住房和城乡建设撬动内需的重要支点作用。工程建设标准化作为支撑住房和城乡建设事业高质量发展的重要技术基础，也必须在紧扣"三个新"，切实做到"三个着力"上下大功夫。

（一）紧扣新发展阶段，着力推动"十四五"时期工程建设标准化事业实现新的更大发展

党的十九大作出我国经济已由高速增长阶段转向高质量发展阶段的重要论述。《中共中央关于制定国民经济和社会发展第十四个五年规划和二〇三五年远景目标的建议》鲜明提出，"十四五"时期经济社会发展要以推动高质量发展为主题。工程建设标准作为住房和城乡建设事业高质量发展的重要技术支撑和引擎，必须精准把握新发展阶段的新特点、新任务、新要求，坚持系统观念，围绕新型城镇化和城乡融合、城市建设管理、建筑业转型升级等重点工作，从全局高度、发展眼光，以更宽视野、更深层次来谋划各项改革；必须更加突出标准化的质量基础作用，着力构建以工程建设全文强制性规范为核心、推荐性标准和团体标准为配套的标准体系；必须在提升标准自身建设水平、提升标准引领质量发展水平、提升标准保障质量安全水平、提升标准助力住房和城乡建设事业高水平发展等四个方面狠下功夫，有效发挥标准化对质量提升的基础性、引领性、战略性作用，为住房和城乡建设事业实现新的更大发展发挥更大作用。

（二）紧扣贯彻新发展理念，着力推进工程建设标准化改革

习近平总书记特别强调："新时代新阶段的发展必须贯彻新发展理念，必须是高质量发展。"贯彻新发展理念，必须在价值立场上坚持以人民为中心的发展思路，在实践路径上坚持问题导向。深化工程建设标准化工作改革实施以来，在工程建设强制性规范体系研

---

[1] 摘自住房和城乡建设部标准定额司司长田国民《工程建设标准化》刊首语，详见参考文献"田国民. 凝心聚力谋新篇，扬帆启航开新局 [J]. 工程建设标准化，2021, 1:1-2"

究制定、团体标准培育发展等领域取得了显著成绩，但仍面临着标准体系重构、标准化体制机制优化、重点领域关键环节改革持续深化、标准化基础能力提升、标准化效能增强、标准国际化寻求突破等重大改革任务。深化工程建设标准化工作改革，必须紧扣新发展理念，创新标准化体制机制，协同推进政府标准与市场标准改革，优化完善标准化技术支撑体系。必须坚持面向经济主战场、面向行业重大需求，加强标准科技创新，加强绿色建筑、装配式建筑、智能建造、城市更新、城市市容市貌、农户建设等重点领域标准制定与标准体系建设，更好地服务于加快推进新型建筑工业化发展、创新行业监管与服务模式、提高建造水平和建筑品质；更好地服务城乡人居环境改善，推进以人为核心的城镇化，推动城市结构优化、功能完善和品质提升，全面推进城镇老旧小区改造，建设宜居、绿色、韧性、智慧、人文城市，使城市更健康、更安全、更宜居，不断增强人民群众获得感、幸福感、安全感。

（三）紧扣构建新发展格局，着力推动形成国际国内标准化工作相互促进的新局面

党的十九届五中全会强调加快构建以国内大循环为主体、国内国际双循环相互促进的新发展格局，推进国家治理体系和治理能力现代化建设。住房和城乡建设是贯彻落实新发展理念的重要载体，又是构建新发展格局的重要支点。加快构建新发展格局，必须统筹推进国内国际标准化工作，根据国内外标准化环境发生的复杂深刻变化，坚持问题导向、需求导向和目标导向结合，以更高的站位、更宽的视野、更准的定位、更实的举措，着力推进工程建设标准化质量变革、效率变革、动力变革，从战略性、系统性、专业性视角出发，在国际化标准体系重构、国际国内标准化协同机制创新、标准国际适应性提升、国际标准制定、承担国际标准化技术机构、国际交流和推广等方面加快改革步伐、加大工作力度，促进住房和城乡建设事业更高质量、更有效率、更加公平、更可持续、更为安全发展。

二、工程建设标准体系改革要求[1]

当今世界正经历百年未有之大变局，我国正处于"两个一百年"奋斗目标的历史交汇点上，对工程建设标准化工作提出了新的更高的要求。工程建设标准体系改革要适应新形势新要求，以服务于民族复兴和国家富强大业为出发点和着眼点。

（一）着力推进工程建设标准体系改革

工程建设标准化改革关系国际和国内两个大局问题。从国内来看，工程建设标准化工作难以适应高质量发展的新形势新要求，存在一些问题：一是强制性条文分散在近千本标准中，刚性约束不足；二是标准由政府一家供应，市场配置资源作用未充分发挥，不能满足市场创新发展需要，新技术难以推广；三是标准体系的结构不合理；四是部分标准的技

---

[1] 摘自住房和城乡建设部标准定额司司长田国民在改革和完善工程建设标准体系工作交流座谈会上的讲话，详见参考文献"田国民. 着力推进工程建设标准化改革创新，服务住房城乡建设事业高质量发展[J]. 工程建设标准化，2020, 2:8-10"

术水平和指标不高。这些都要求我们必须继续深化工程建设标准体系改革。从国际来看，中国标准要"走出去"，就要改革过去沿用的原苏联模式，建立与国际通行规则接轨的、技术法规、技术标准和合规性判定相结合的新模式。

（二）加快构建完整的技术法规体系

国外的技术法规体系包括法律、条例和全文技术规范三个层次，构成了完整的技术法规体系，我国在 WTO 谈判中用了"技术法规"这个词，国与国之间的贸易必须遵循技术法规的要求，现在我们也按照这个目标讨论。研究制定全文强制性工程建设规范，构建具有中国特色的工程建设技术性法规体系。住房和城乡建设领域正在编制 38 项全文强制性工程建设规范，属于技术法规体系的第三个层次，将来在修订法律和条例时体现工程建设规范的技术内容，逐步形成与国际接轨的技术法规体系。全文强制性工程建设规范的编制，要以实现完整项目功能为目的，突出目标、性能控制要求，其内容构成需要全面考虑规模、布局、功能、性能、关键技术措施等相关要素组成。

（三）做好重要推荐性标准编制工作

以问题为导向，配合做好支撑住房和城乡建设部中心工作的国家推荐性标准编制。例如：及时发布《城市综合管理服务平台技术标准》，启动《城市综合管理服务平台数据及交换标准》、CIM 平台系列标准、《历史文化街与历史建筑防火标准》等，推进全国房地产基础信息数据标准、租赁住房建设运营标准、海绵城市设计等标准编制工作，切实发挥好标准的支撑保障作用。

（四）大力培养团体标准

按照"控增量减存量"的原则，精简整合政府标准，推进政府推荐性标准向团体标准转化。团体标准作为市场标准，是对工程建设规范更加具体、更加细化的操作性规定，是实现工程建设规范性能要求的技术路径和方法，在培育阶段，引导市场编制团体标准，满足市场和创新发展需要的要求，现阶段做好团体标准的服务和指导工作。

（五）大力推进工程建设标准国际化

工程建设标准国际化的内在脉络，最重要的是标准内容要素指标构成，要与国际上通行要求保持一致。只有内容要素指标构成一致，才能与国外同行在同一语境同一频道上进行交流，才能对比出差异和高低，也才能努力提高。而在标准编制过程中，要求我们面对国际、国内两个大局。要持续跟踪国外标准动态，收集国外标准，开展中外标准对比研究，在标准编制过程中充分借鉴发达国家有关标准规定，为工程建设标准国际化打下基础，中国标准翻译成英文版可与国外同行进行交流。同时，在标准编制过程中要坚持结果导向，不断完善标准内容，保障我国国民经济可持续发展。

三、工程建设标准化亟待解决的问题❶

习近平总书记指出，标准决定质量，有什么样的标准就有什么样的质量，只有高标准才有高质量。当前，中国特色社会主义进入新时代，我国经济已由高速增长阶段转向高质量发展阶段。在看到成绩的同时，我们清醒地认识到，工程建设标准化工作与高质量发展的新形势新要求相比，还存在一些亟待解决的问题。

（一）刚性约束不足

我国的强制性条文分散在近千本标准中，条文编制颗粒度不同（粗细不一致），条文间不成逻辑不成体系，甚至是交叉、重复、矛盾。强制性条文制订随意性较大，部分条款是为了去掉标准文本封面上的"T"字而想方设法增设的。甚至连查找强制性条文都不是很方便。

（二）标准供给模式单一

在新《标准化法》发布之前，我国的工程建设标准，除企业自编自用的企业标准和部分社会团体试点编制的少量团体标准之外，一直沿用苏联模式，只有政府一家供应，标准缺失和标龄过长问题突出，市场配置资源作用未充分发挥，不能满足市场创新发展需要，新技术难以及时形成标准推广。

（三）标准体系的结构不合理

目前的标准体系是先分专业再按照基础、通用、专用设置标准项目。这种划分方式，导致为了强调某一种事项，不同的编制者在基础、通用、专用标准中从不同维度去表达，都追求自身的大而全、小而全，因而不可避免会产生交叉、重复和矛盾的情况。而且，从专业上划分，对于海绵城市、综合管廊、城市信息化模型（CIM）平台等住房和城乡建设部中心工作不能进行有效支撑。

（四）部分标准的技术水平和指标不高

我国经济技术水平过去曾长期处于落后状态，标准的技术指标普遍取值偏低，前瞻性不足。尤其是水、电、气、热、交通等民生保障工程标准偏低，影响城市综合承载能力提升，不能满足城市建设质量发展要求。工作中发现，某个指标低不是因为提升的技术难度大，根源在于对以人民为中心的发展思想理解不够深入。大家苦日子过惯了，不自觉就会从严控成本的角度去考虑问题。但随着我国经济发展，公众对基础设施建设运行的要求将越来越高，不能过分考虑经济因素，调整和完善相关标准显得越来越迫切。

---

❶ 摘自住房和城乡建设部标准定额司副司长王玮在改革和完善工程建设标准体系工作交流座谈会上的讲话，详见参考文献"王玮. 继续深化工程建设标准化改革，奋力推进住房城乡建设事业高质量发展［J］. 工程建设标准化，2020，2:15-16"

（五）国际化程度不高

我国现行工程标准的架构、术语含义、要素和技术指标构成、表达方式及形成过程等方面，均与国际标准有较大区别，中国标准翻译成外文版后，外国工程师仍难以读懂，影响了中国标准"走出去"。我国标准的国际影响力与我国综合国力严重不匹配，国外工程普遍使用欧美标准，我国企业拓展国外工程的高端业务领域十分困难，相应的隐形风险也大大增加。

四、工程建设标准化改革措施

针对工程建设标准化亟待解决的问题，在深入研究工程建设标准化工作相关情况的基础上，立足住房和城乡建设工作需求，借鉴国际先进经验，继续深化工程建设标准化改革，助推住房和城乡建设事业高质量发展。

（一）建立技术法规与技术标准新体系，与国际通行规则接轨❶

1. 研究制定全文强制性工程建设规范，构建具有中国特色的工程建设技术性法规体系，替代现行分散的强制性条文。工程建设规范是政府监管、群众监督、行业遵守的技术规则，编制时应以实现完整工程项目功能为目的，突出目标、性能控制要求。

2. 精简政府主导制定的标准，放开市场自主制定的团体标准和企业标准，支持工程建设规范的落地。今后标准的定位是对工程建设规范更加具体、更加细化的操作性规定，是实现工程建设规范性能要求的技术路径和方法。标准制定时，要更好地发挥市场在工程建设标准资源配置中的决定性作用。今后，大量标准由社会团体做，政府做好市场的补位。

（二）建立编制管理有效、实施监督有力、群众参与度高的新机制，提升标准化管理能效❶

1. 统筹标准主管部门、业务主管部门、标准编制单位及相关技术支撑单位的关系，做到思想统一、目标统一、行动统一，在各项标准化工作中形成合力。进一步发挥好住房和城乡建设部科学技术委员会标准化专业委员会、标准化技术委员会对标准化工作的智力支撑作用。

2. 多渠道、多层次开展工程建设标准宣传工作，让尊重标准、学习标准、使用和推广标准成为全社会共识。加强标准复审，开展重要标准实施情况调查，促进标准有效实施。

3. 坚持以人民为中心，实现标准从生产者导向向使用者导向的全面转型，把涉及人民对美好生活的向往有关问题落实到标准中。引导人民深度参与标准工作，建立政府与社

---

❶ 摘自住房和城乡建设部标准定额司副司长王玮在改革和完善工程建设标准体系工作交流座谈会上的讲话，详见参考文献"王玮. 继续深化工程建设标准化改革，奋力推进住房城乡建设事业高质量发展［J］. 工程建设标准化，2020，2：15-16"

会共谋、共建、共管、共享机制。

（三）积极制定并出台政策改革，推动工程建设标准化工作更好地适应市场经济发展要求

1. 2015年，国务院印发了《深化标准化工作改革方案》（国发〔2015〕13号），对标准化体制改革作了全面的部署，提出了"紧紧围绕使市场在资源配置中起决定性作用和更好发挥政府作用，着力解决标准体系不完善、管理体制不顺畅、与社会主义市场经济发展不适应问题"的改革思路，确立了"建立政府主导制定的标准与市场自主制定的标准协同发展、协调配套的新型标准体系，健全统一协调、运行高效、政府与市场共治的标准化管理体制，形成政府引导、市场驱动、社会参与、协同推进的标准化工作格局"的改革目标。

2. 2016年，住房和城乡建设部印发《深化工程建设标准化工作改革意见的通知》（建标〔2016〕166号），对工程建设标准化改革方向和任务要求提出了明确的意见。其中明确任务要求：改革强制性标准、构建强制性标准体系、优化完善推荐性标准、培育发展团体标准、全面推升标准水平、强化标准质量管理和信息公开、推进标准国际化。

3. 2016年，住房和城乡建设部办公厅印发《关于培育和发展工程建设团体标准的意见》（建办标〔2016〕57号）。其中明确：营造良好环境，增加团体标准有效供给；完善实施机制，促进团体标准推广应用；规范编制管理，提高团体标准质量和水平；加强监督管理，严格团体标准责任追究。

4. 2018年1月1日，新《中华人民共和国标准化法》开始实施，为中国标准化改革确立了法律地位。新《中华人民共和国标准化法》固化了标准化工作的改革成果和成功实践，确立了我国新型标准体系和与之相适应的管理体制，扩大了标准应用范围，强化了标准制定、实施全过程的监督管理。有利于贯彻以人民为中心的发展思想、促进经济社会高质量的发展、强化标准化工作的法治管理、助力更高水平的对外开放。

附 录

附录一 2020年工程建设标准化大事记

1月14日，住房和城乡建设部印发《2020年工程建设规范和标准编制及相关工作计划》。

2月7日，由国家标准化管理委员会、住房和城乡建设部支持指导，中国城市科学研究会牵头归口管理的《智慧城市基础设施-智慧建筑信息化系统建造指南》（Smart Community Infrastructures: Development Guidelines for Information-based Systems of Smart Buildings）提案通过 ISO/TC 268 SC1（智慧城市基础设施计量分技术委员会）审批，成功立项。项目编号为 ISO 37173。将成为我国推动智慧建筑领域标准化发展的重要指南，也是我国牵头的第一个智慧建筑领域 ISO 国际标准。

2月6日，中国工程建设标准化协会标准《新型冠状病毒感染的肺炎传染病应急医疗设施设计标准》实施，规范指导既有建筑改扩建或新建应急医疗设施，确保应急医疗设施快速建造和安全运行。

2月8日，国家卫生健康委员会、住房和城乡建设部联合印发《新型冠状病毒肺炎应急救治设施设计导则（试行）》，积极应对新型冠状病毒感染的肺炎疫情防控严峻形势，指导做好传染病应急救治设施建设，切实满足疫情防控实施保障需要。

2月10日，ISO 和 IEC 秘书长代表其全体成员，对中国政府和人民正在面临的新冠肺炎疫情这一困难局面表示关切，并对中国政府为抗击疫情所做的努力表示钦佩。ISO 和 IEC 对我国打赢疫情防控阻击战、继续为全球经济及技术发展作出巨大贡献充满信心，并表示全力支持我国抗击新冠肺炎疫情。

2月11日，水利部印发《关于加强水利团体标准管理工作的意见》（水国科〔2020〕16号），为规范、引导和监督水利团体标准化工作提供制度保障。

2月19日，中国工程建设标准化协会标准《医学生物安全二级实验室建筑技术标准》实施，规范指导医学生物安全二级实验室的规划、设计、新改扩建、验收等工作，为疫情防控的生物安全保障提供技术支撑。

3月3日，中共中央办公厅、国务院办公厅印发《关于构建现代环境治理体系的指导意见》，提出要健全法律法规标准，加快补齐环境治理体制机制短板。

3月16日，京津冀区域协同标准《城市综合管廊监控与报警系统安装工程施工规范》《城市综合管廊工程资料管理规程》发布，京津冀综合管廊标准体系建成。

7月3日，住房和城乡建设部、国家发展和改革委员会等13部门联合印发《关于推动智能建造与建筑工业化协同发展的指导意见》，推进建筑工业化、数字化、智能化升级，加快建造方式转变，推动建筑业高质量发展。

7月15日，住房和城乡建设部、国家发展和改革委员会等6部门联合印发《绿色建筑创建行动方案》，推动绿色建筑高质量发展。

7月28日，国家市场监管管理总局、住房和城乡建设部等8部门联合印发《关于加强快递绿色包装标准化工作的指导意见》，未来3年我国将加快推进快递绿色包装标准化工作，加速将快递包装新材料、新技术、新产品相关成果转化为标准，不断完善标准与法律政策协调配套的快递绿色包装治理体系。

8月7日，筹建国家技术标准创新基地（建筑工程），承担单位为中国建筑科学研究院有限公司和中国建筑标准设计研究院有限公司，建设周期为2年。

8月28日，住房和城乡建设部等9部门联合印发《关于加快新型建筑工业化发展的若干意见》，提出要加快新型建筑工业化发展，以新型建筑工业化带动建筑业全面转型升级，打造具有国际竞争力的"中国建造"品牌，推动城乡建设绿色发展和高质量发展。

10月14日，第51届世界标准日，主题"标准保护地球（Protecting the planet with standards）"。标准覆盖了节能、水资源和空气质量等方方面面，提供了标准化的规制和测量方法。标准的广泛使用有助于减少工业生产和过程对环境的影响，促进有限资源的再利用，提高能源效率。

11月28日，"标准科技创新奖"揭晓：中国工程院院士周福霖、岳清瑞和全国工程勘察设计大师张辰获得"标准大师"荣誉称号；《新型冠状病毒感染的肺炎传染病应急医疗设施设计标准》T/CECS 661—2020等42项标准获得项目奖；广东省建筑科学研究院集团股份有限公司等10家单位获得组织奖。

12月21日，全国住房和城乡建设工作会议在京召开。会议深入学习贯彻习近平总书记关于住房和城乡建设工作的重要指示批示精神，贯彻落实党的十九届五中全会和中央经济工作会议精神，总结2020年和"十三五"住房和城乡建设工作，分析面临的形势和问题，提出2021年工作总体要求和重点任务。会议要求，2021年要持续深入学习贯彻习近平总书记关于住房和城乡建设工作的重要指示批示精神，贯彻落实党的十九届五中全会和中央经济工作会议决策部署，重点抓好八个方面工作。一是全力实施城市更新行动，推动城市高质量发展。二是稳妥实施房地产长效机制方案，促进房地产市场平稳健康发展。三是大力发展租赁住房，解决好大城市住房突出问题。四是加大城市治理力度，推进韧性城市建设。五是实施乡村建设行动，提升乡村建设水平。六是加快发展"中国建造"，推动建筑产业转型升级。七是持续推进改革创新，加强法规标准体系建设。八是加强党的全面领导，打造高素质干部队伍。

附录二　2020 年发布的工程建设国家标准

序号	标准编号	标准中文名称	制定或修订	被代替标准编号	发布日期	实施日期	主编单位
1	GB 50583-2020	煤炭工业建筑结构设计标准	修订	GB 50592-2010 GB 50583-2010	2020-1-16	2020-7-1	煤炭工业太原设计研究院、中煤科工集团北京华宇工程有限公司
2	GB/T 50518-2020	矿井通风安全装备配置标准	修订	GB/T 50518-2010	2020-1-16	2020-7-1	中煤科工集团重庆设计研究院有限公司
3	GB/T 51410-2020	建筑防火封堵应用技术标准	制定		2020-1-16	2020-7-1	应急管理部天津消防研究所、山东起凤建工股份有限公司
4	GB 50041-2020	锅炉房设计标准	修订	GB 50041-2008	2020-1-16	2020-7-1	中国联合工程公司、上海市机电设计研究院有限公司
5	GB 51400-2020	看守所建筑设计标准	修订	JGJ 127-2000	2020-1-16	2020-7-1	中国建筑标准设计研究院有限公司、公安部监所管理局
6	GB/T 50165-2020	古建筑木结构维护与加固技术标准	修订	GB 50165-92	2020-1-16	2020-7-1	四川省建筑科学研究院、重庆中科建设（集团）有限公司
7	GB/T 51421-2020	架空光（电）缆通信杆路工程技术标准	制定		2020-1-16	2020-10-1	上海邮电设计咨询研究院有限公司
8	GB 51283-2020	精细化工企业工程设计防火标准	制定		2020-1-16	2020-10-1	上海华谊工程有限公司、上海市公安消防总队
9	GB/T 51416-2020	混凝土坝安全监测技术标准	制定		2020-1-16	2020-10-1	国家能源局大坝安全监察中心
10	GB/T 51417-2020	电信钢塔架共建共享技术标准	制定		2020-1-16	2020-10-1	广东省电信规划设计院有限公司
11	GB/T 51419-2020	无线局域网工程设计标准	制定		2020-1-16	2020-10-1	广东省电信规划设计院有限公司

续表

序号	标准编号	标准中文名称	制定或修订	被代替标准编号	发布日期	实施日期	主编单位
12	GB 51418-2020	通用雷达站设计标准	制定		2020-1-16	2020-10-1	工业和信息化部电子工业标准化研究院
13	GB/T 51420-2020	智能变电站工程调试及验收标准	制定		2020-1-16	2020-10-1	广东电网有限责任公司电力科学研究院
14	GB 51411-2020	金属矿山土地复垦工程设计标准	制定		2020-1-16	2020-8-1	昆明有色冶金设计研究院股份公司、中国有色工程有限公司
15	GB 51388-2020	镍冶炼厂工艺设计标准	制定		2020-1-16	2020-8-1	中国有色工程有限公司 中国恩菲工程技术有限公司
16	GB 51414-2020	有色金属企业节水设计标准	制定		2020-1-16	2020-8-1	中国恩菲工程技术有限公司
17	GB/T 51413-2020	有色金属工业余热利用设计标准	制定		2020-1-16	2020-8-1	中国有色工程有限公司、长沙有色冶金设计研究院有限公司
18	GB 51415-2020	有色金属冶炼废气治理技术标准	制定		2020-1-16	2020-8-1	中国有色工程有限公司、长沙有色冶金设计研究院有限公司
19	GB 51412-2020	锡冶炼厂工艺设计标准	制定		2020-1-16	2020-8-1	中国有色工程有限公司、昆明有色冶金设计研究院股份公司
20	GB 50127-2020	架空索道工程技术标准	修订	GB 50127-2007	2020-1-16	2020-8-1	中国有色工程有限公司、昆明有色冶金设计研究院股份公司
21	GB 50325-2020	民用建筑工程室内环境污染控制标准	修订	GB 50325-2010	2020-1-16	2020-8-1	河南省建筑科学研究院有限公司、泰宏建设发展有限公司
22	GB/T 51409-2020	数据中心综合监控系统工程技术标准	制定		2020-1-16	2020-7-1	信息产业部电子工程标准定额站、大极计算机股份有限公司
23	GB 50205-2020	钢结构工程施工质量验收标准	修订	GB 50205-2001	2020-1-16	2020-8-1	中冶建筑研究总院有限公司、中建八局第二建设有限公司

续表

序号	标准编号	标准中文名称	制定或修订	被代替标准编号	发布日期	实施日期	主编单位
24	GB/T 50455-2020	地下水封石洞油库设计标准	修订	GB/T 50455-2008	2020-2-27	2020-10-1	中海油石化工程有限公司
25	GB 50646-2020	特种气体系统工程技术标准	修订	GB 50646-2011	2020-2-27	2020-10-1	信息产业电子第十一设计研究院科技工程股份有限公司、中国电子系统工程第二建设有限公司
26	GB 50581-2020	煤炭工业矿井监测监控系统装备配置标准	修订	GB 50581-2010	2020-2-27	2020-10-1	中煤科工集团南京设计研究院有限公司
27	GB 50070-2020	矿山电力设计标准	修订	GB 50070-2009	2020-2-27	2020-10-1	中煤科工集团北京华宇工程有限公司
28	GB 50608-2020	纤维增强复合材料工程应用技术标准	修订	GB 50608-2010	2020-2-27	2020-10-1	中铁二十四局集团有限公司
29	GB/T 51394-2020	水工建筑物荷载标准	制定		2020-2-27	2020-10-1	水电水利规划设计总院、水利部水利水电规划设计总院
30	GB 51423-2020	弹药工厂总平面设计标准	制定		2020-2-27	2020-10-1	中国兵器工业标准化研究所、中国五洲工程设计集团有限公司
31	GB 50028-2006（2020年版）	城镇燃气设计规范	局部修订		2020-4-9	2020-6-1	中国市政工程华北设计研究院
32	GB 50431-2020	带式输送机工程技术标准	修订	GB 50431-2008	2020-6-9	2021-3-1	中煤科工集团沈阳设计研究院有限公司
33	GB/T 50549-2020	电厂标识系统编码标准	修订	GB/T 50549-2010	2020-6-9	2021-3-1	中国电力工程顾问集团有限公司
34	GB/T 50599-2020	灌区改造技术标准	修订	GB 50599-2010	2020-6-9	2021-3-1	中国灌溉排水发展中心
35	GB/T 50485-2020	微灌工程技术标准	修订	GB/T 50485-2009	2020-6-9	2021-3-1	中国灌溉排水发展中心

续表

序号	标准编号	标准中文名称	制定或修订	被代替标准编号	发布日期	实施日期	主编单位
36	GB 50454－2020	航空发动机试车台设计标准	修订	GB 50454－2008	2020－6－9	2021－3－1	中国航空规划设计研究总院有限公司
37	GB/T 50600－2020	渠道防渗衬砌工程技术标准	修订	GB/T 50600－2010	2020－6－9	2021－3－1	中国灌溉排水发展中心
38	GB/T 51431－2020	移动通信基站工程技术标准	制定		2020－6－9	2021－3－1	华信咨询设计研究院有限公司，中国移动通信集团设计院有限公司
39	GB 50514－2020	非织造布工厂技术标准	修订	GB 50514－2009 GB/T 50904－2013	2020－6－9	2021－3－1	上海纺织建筑设计研究有限公司
40	GB 51432－2020	薄膜晶体管显示器件玻璃基板生产工厂设计标准	制定		2020－6－9	2021－3－1	工业和信息化部电子工业标准化研究院，中国电子工程设计院有限公司
41	GB 50040－2020	动力机器基础设计标准	修订	GB 50040－96	2020－6－9	2021－3－1	中国机械工业集团有限公司，中国中元国际工程有限公司
42	GB/T 51425－2020	公共建筑光纤宽带接入工程技术标准	制定		2020－6－9	2021－3－1	中国移动通信集团设计院有限公司
43	GB/T 51425－2020	工业建筑振动控制设计标准	修订	GB 50190－93	2020－6－9	2021－3－1	中国机械工业集团有限公司，中国中元国际工程有限公司
44	GB/T 51425－2020	森林火情瞭望监测系统设计标准	制定		2020－6－9	2021－3－1	国家林业和草原局调查规划设计院
45	GB 50026－2020	工程测量标准	修订	GB 50026－2007	2020－11－10	2021－6－1	中国有色金属工业西安勘察设计研究院有限公司，中国有色工程有限公司
46	GB/T 50538－2020	埋地钢质管道防腐保温层技术标准	修订	GB/T 50538－2010	2020－11－10	2021－6－1	大庆油田工程有限公司，中国石油集团工程技术研究院
47	GB 50620－2020	粘胶纤维工厂技术标准	修订	GB 50620－2020 GB 50750－2012	2020－11－10	2021－6－1	恒天（江西）纺织设计院有限公司

附录三　2020 年发布的工程建设行业标准

序号	标准编号	标准名称	类型（制定或修订）	被代替标准编号	发布日期	实施期	批准部门	备案号	主编单位
1	CJJ/T 312－2020	城市综合管理服务平台技术标准	制定		2020－3－30	2020－5－1	住房和城乡建设部	J2825－2020	北京数字政通科技股份有限公司
2	CJJ/T 311－2020	模块化雨水储水设施技术标准	制定		2020－3－30	2020－10－1	住房和城乡建设部	J2826－2020	中国建筑设计研究院有限公司
3	CJJ/T 301－2020	城市轨道交通高架结构设计荷载标准	制定		2020－4－9	2020－10－1	住房和城乡建设部	J2827－2020	中铁二院工程集团股份有限公司
4	CJJ/T 305－2020	跨座式单轨交通限界标准	制定		2020－4－9	2020－10－1	住房和城乡建设部	J2828－2020	中铁二院工程集团有限责任公司
5	CJJ/T 306－2020	城市轨道交通车辆基地工程技术标准	制定		2020－4－9	2020－10－1	住房和城乡建设部	J2829－2020	北京新联铁集团股份有限公司、广州地铁设计研究院股份有限公司
6	CJJ/T 49－2020	地铁杂散电流腐蚀防护技术标准	修订	CJJ 49－92	2020－4－9	2020－10－1	住房和城乡建设部	J2830－2020	北京市地铁运营有限公司、中建城开建设集团有限公司
7	CJJ/T 154－2020	建筑给水金属管道工程技术标准	修订	CJJ/T 154－2011	2020－4－9	2020－10－1	住房和城乡建设部	J1164－2020	中国建筑金属结构协会
8	CJJ/T 74－2020	城镇地道桥顶进施工及验收标准	修订	CJJ 74－99	2020－4－16	2020－10－1	住房和城乡建设部	J2840－2020	石家庄市市政建设总公司、北大荒建设集团有限公司

续表

序号	标准编号	标准名称	类型(制定或修订)	被代替标准编号	发布日期	实施日期	批准部门	备案号	主编单位
9	CJJ/T 303－2020	中低速磁浮交通工程施工及验收标准	制定		2020－4－16	2020－10－1	住房和城乡建设部	J2839－2020	北京磁浮交通发展有限公司、中铁六局集团有限公司
10	CJJ/T 309－2020	直线电机轨道交通限界标准	制定		2020－4－16	2020－10－1	住房和城乡建设部	J2837－2020	广州地铁设计研究院股份有限公司
11	CJJ/T 87－2020	乡镇集贸市场规划设计标准	修订	CJJ/T 87－2000	2020－4－16	2020－10－1	住房和城乡建设部	J2838－2020	中国建筑设计研究院有限公司
12	CJJ/T 151－2020	城市遥感信息应用技术标准	修订	CJJ/T 151－2010	2020－6－29	2020－11－1	住房和城乡建设部	J1130－2020	建设综合勘察研究设计院有限公司
13	JGJ/T 483－2020	高强钢结构设计标准	制定		2020－4－9	2020－10－1	住房和城乡建设部	J2831－2020	清华大学、中信建筑设计研究总院有限公司
14	JGJ/T 139－2020	玻璃幕墙工程质量检验标准	修订	JGJ/T 139－2001	2020－4－16	2020－10－1	住房和城乡建设部	J139－2020	中国建筑科学研究院有限公司、中铁十一局集团建筑安装工程有限公司
15	JGJ/T 486－2020	轻板结构技术标准	制定		2020－4－16	2020－10－1	住房和城乡建设部	J2836－2020	中国京冶工程技术有限公司、中誉远发国际建设集团有限公司
16	JGJ/T 17－2020	蒸压加气混凝土制品应用技术标准	修订	JGJ/T 17－2008	2020－4－16	2020－10－1	住房和城乡建设部	J824－2020	北城致远集团有限公司、重庆市建筑科学研究院
17	JGJ/T 487－2020	建筑结构风振控制技术标准	制定		2020－6－29	2020－11－1	住房和城乡建设部	J2848－2020	哈尔滨工业大学

续表

序号	标准编号	标准名称	类型（制定或修订）	被代替标准编号	发布日期	实施日期	批准部门	备案号	主编单位
18	JGJ/T 472－2020	山地建筑结构设计标准	制定		2020－6－29	2020－11－1	住房和城乡建设部	J2849－2020	重庆大学、重庆建工第二建工有限公司
19	JGJ/T 488－2020	木结构现场检测技术标准	制定		2020－6－29	2020－11－1	住房和城乡建设部	J2841－2020	南京工业大学、苏州第五建筑集团有限公司
20	DL/T 5036－2020	转桨式转轮组装与试验工艺导则	修订	DL/T 5036－1994	2020－10－23	2021－02－01	国家能源局		中国葛洲坝集团股份有限公司
21	DL/T 5209－2020	混凝土坝安全监测资料整编规程	修订	DL/T 5209－2005	2020－10－23	2021－02－01	国家能源局		国家能源局大坝安全监察中心
22	DL/T 5270－2020	核子法密度及含水量测试规程	修订	DL/T 5270－2012	2020－10－23	2021－02－01	国家能源局		中国葛洲坝集团股份有限公司
23	DL/T 5385－2020	大坝安全监测系统施工监理规范	修订	DL/T 5385－2007	2020－10－23	2021－02－01	国家能源局		中国电建集团成都勘测设计研究院有限公司
24	DL/T 5426－2020	±800kV高压直流输电系统成套设计规程	修订	DL/T 5426－2009	2020－10－23	2021－02－01	国家能源局		国网经济技术研究院有限公司
25	DL/T 5805－2020	轴流式水轮机理伴安装工艺导则	制定		2020－10－23	2021－02－01	国家能源局		中国葛洲坝集团股份有限公司
26	DL/T 5806－2020	水电水利工程堆石混凝土施工规范	制定		2020－10－23	2021－02－01	国家能源局		中国水利水电第八工程局有限公司
27	DL/T 5807－2020	水电工程岩体稳定性微震监测技术规范	制定		2020－10－23	2021－02－01	国家能源局		中国科学院武汉岩土力学研究所

续表

序号	标准编号	标准名称	类型（制定或修订）	被代替标准编号	发布日期	实施日期	批准部门	备案号	主编单位
28	DL/T 5808－2020	水电工程水库地震监测技术规范	制定		2020－10－23	2021－02－01	国家能源局		中国三峡建设管理有限公司
29	DL/T 5809－2020	水电工程库区安全监测技术规范	制定		2020－10－23	2021－02－01	国家能源局		中国电建集团成都勘测设计研究院有限公司
30	DL/T 5810－2020	电化学储能电站接入电网设计规范	制定		2020－10－23	2021－02－01	国家能源局		国网上海市电力公司电力科学研究院
31	DL/T 5811－2020	水轮发电机内冷安装技术导则	制定		2020－10－23	2021－02－01	国家能源局		中国葛洲坝集团股份有限公司
32	DL/T 5812－2020	水电水利工程导流隧洞及导流底孔封堵施工规范	制定		2020－10－23	2021－02－01	国家能源局		中国水利水电第八工程局有限公司
33	DL/T 5813－2020	水电水利工程施工机械安全操作规程 隧洞衬砌钢模台车	制定		2020－10－23	2021－02－01	国家能源局		中国葛洲坝集团股份有限公司等
34	DL/T 5814－2020	变电站、换流站土建工程施工质量验收规程	制定		2020－10－23	2021－02－01	国家能源局		中国电力科学研究院有限公司
35	DL/T 5815－2020	水电水利工程固壁泥浆试验规程	制定		2020－10－23	2021－02－01	国家能源局		中国葛洲坝集团股份有限公司等
36	DL/T 5816－2020	分布式电化学储能系统接入配电网设计规范	制定		2020－10－23	2021－02－01	国家能源局		国网江苏省电力有限公司电力科学研究院

续表

序号	标准编号	标准名称	类型（制定或修订）	被代替标准编号	发布日期	实施日期	批准部门	备案号	主编单位
37	NB/T 10432－2020	风电功率预测系统设计规范	制定			2021－02－01	国家能源局		中国电力企业联合会
38	NB/T 10387－2020	海上风电场风能资源小尺度数值模拟技术规程	制定		2020－10－23	2021－02－01	国家能源局		中国电建集团西北勘测设计研究院有限公司
39	NB/T 10431－2020	风电场工程招标文件编制导则	制定		2020－10－23	2021－02－01	国家能源局		水电水利规划设计总院
40	NB/T 33004－2020	电动汽车充换电设施工程施工和竣工验收规范	修订	NB/T 33004－2013	2020－10－23	2021－02－01	国家能源局		南瑞集团有限公司
41	SY/T 0033－2020	油气田变配电设计规范	修订	SY/T 0033－2009	2020－10－23	2021－02－01	国家能源局		中国石油规划总院
42	SY/T 0043－2020	石油天然气工程管道和设备涂色规范	修订	SY/T 0043－2006	2020－10－23	2021－02－01	国家能源局		西安长庆科技工程有限责任公司
43	SY/T 0604－2020	工厂焊接液体储罐规范	修订	SY/T 0604－2005	2020－10－23	2021－02－01	国家能源局		大庆油田工程有限公司
44	SY/T 6852－2020	油田采出水生物处理工程设计规范	修订	SY/T 6852－2012	2020－10－23	2021－02－01	国家能源局		中石化中原石油工程设计有限公司
45	SY/T 6885－2020	油气管道及管道工程雷电防护设计规范	修订	SY/T 6885－2012	2020－10－23	2021－02－01	国家能源局		中国石油工程建设公司西南分公司
46	SY/T 7473－2020	油气输送管道通信系统设计规范	制定		2020－10－23	2021－02－01	国家能源局		中国石油天然气管道工程有限公司

续表

序号	标准编号	标准名称	类型(制定或修订)	被代替标准编号	发布日期	实施日期	批准部门	备案号	主编单位
47	SY/T 7474-2020	油气田空气氮站设计规范	制定		2020-10-23	2021-02-01	国家能源局		西安长庆科技工程有限责任公司
48	SY/T 4124-2020	油气输送管道工程竣工验收规范	修订	SY/T 4124-2013	2020-10-23	2021-02-01	国家能源局		中国石油管道局工程有限公司
49	SY/T 7464-2020	耐腐蚀合金双金属复合管焊接及无损检测技术标准	制定		2020-10-23	2021-02-01	国家能源局		四川石油天然气建设工程有限责任公司
50	SY/T 4109-2020	石油天然气钢质管道无损检测	修订	SY/T 4109-2013	2020-10-23	2021-02-01	国家能源局		徐州东方工程检测有限责任公司
51	SY/T 4122-2020	油田注水工程施工技术规范	修订	SY/T 4122-2012	2020-10-23	2021-02-01	国家能源局		大庆油田建设集团有限责任公司
52	SY/T 7475-2020	石油天然气建设工程施工质量验收规范地下石洞储油库工程	制定		2020-10-23	2021-02-01	国家能源局		中油管道建设工程有限公司
53	SY/T 7476-2020	油气输送管道地质灾害防治工程施工规范	制定		2020-10-23	2021-02-01	国家能源局		中国石油天然气管道二程有限公司
54	SY/T 0086-2020	阴极保护管道的电绝缘标准	修订	SY/T 0086-2012	2020-10-23	2020-02-01	国家能源局		中石油管道局工程有限公司设计分公司
55	SY/T 0087-2-2020	钢质管道及储罐腐蚀评价标准 第2部分：埋地钢质管道内腐蚀直接评价	修订	SY/T 0087-2-2012	2019-11-04	2020-05-01	国家能源局		中国石油规划总院

续表

序号	标准编号	标准名称	类型（制定或修订）	被代替标准编号	发布日期	实施日期	批准部门	备案号	主编单位
56	SY/T 4113-7-2020	管道防腐层性能试验方法 第7部分：厚度测试	修订	SY/T 0066-1999、SY/T 4107-2005	2020-10-23	2020-02-01	国家能源局		中国石油天然气管道科学研究院有限公司
57	SY/T 4113-8-2020	管道防腐层性能试验方法 第8部分：耐磨性能测试	修订	SY/T 0065-2000	2020-10-23	2020-02-01	国家能源局		中国石油集团工程技术研究有限公司
58	SY/T 4113-9-2020	管道防腐层性能试验方法 第9部分：耐液体介质浸泡	修订	SY/T 0039-2013	2020-10-23	2020-02-01	国家能源局		中国石油天然气股份有限公司管道分公司
59	SY/T 6536-2020	钢质储罐、容器内壁阴极保护技术规范	修订	SY/T 0047-2012、SY/T 6536-2012	2020-10-23	2020-02-01	国家能源局		中国石油工程建设有限公司华北分公司
60	SY/T 7477-2020	埋地钢质管道机械化补口技术规范	制订		2020-10-23	2020-02-01	国家能源局		中国石油集团工程技术研究有限公司
61	SH/T 3506-2020	管式炉安装工程施工及验收规范	修订	SH/T 3506-2007	2020-8-31	2020-1-1	工业和信息化部	J676-2021	中石化第十建设有限公司
62	SH/T 3511-2020	石油化工乙烯裂解炉和制氢转化炉施工及验收规范	修订	SH 3511-2007	2020-8-31	2020-1-1	工业和信息化部	J678-2021	中石化第十建设有限公司
63	SH/T 3208-2020	石油化工电气系统电阻接地设计规范	制定		2020-8-31	2020-1-1	工业和信息化部	J2877-2021	中国石化工程建设有限公司
64	SH/T 3209-2020	石油化工企业配电系统自动装置设计规范	制定		2020-8-31	2020-1-1	工业和信息化部	J2878-2021	中国石化工程建设有限公司

续表

序号	标准编号	标准名称	类型（制定或修订）	被代替标准编号	发布日期	实施日期	批准部门	备案号	主编单位
65	SH/T 3210—2020	石油化工装置安全泄压设施工艺设计规范	制定		2020-8-31	2020-1-1	工业和信息化部	J2879—2021	中国石化工程建设有限公司
66	SH/T 3042—2020	合成纤维厂供暖通风与空气调节设计规范	修订	SH/T 3042—2007	2020-12-9	2021-4-1	工业和信息化部	J668—2021	中石化上海工程有限公司
67	SH/T 3523—2020	石油化工铬镍不锈钢、镍合金、铁镍合金、镍基合金及不锈钢复合钢焊接规范	修订	SH/T 3523—2009，SH/T 3527—2009	2020-12-9	2021-4-1	工业和信息化部	J1022—2021	中石化第四建设有限公司
68	SH/T 3545—2020	石油化工管道工程无损检测标准	修订	SH/T 3545—2011	2020-12-9	2021-4-1	工业和信息化部	J1262—2021	中石化第四建设有限公司，南京金陵检测工程有限公司
69	SH/T 3211—2020	地下水封石洞油库水幕系统设计规范	制定		2020-12-9	2021-4-1	工业和信息化部	J2922—2021	中石化上海工程有限公司
70	SH/T 3212—2020	石油化工电阻式伴热系统设计规范	制定		2020-12-9	2021-4-1	工业和信息化部	J2923—2021	中国石化工程建设有限公司
71	SH/T 3213—2020	石油化工企业配电系统安全分析导则	制定		2020-12-9	2021-4-1	工业和信息化部	J2924—2021	中国石化工程建设有限公司
72	SH/T 3214—2020	石油化工挤压造粒框架设计规范	制定		2020-12-9	2021-4-1	工业和信息化部	J2925—2021	大庆石化工程有限公司
73	SH/T 3215—2020	石油化工料仓框架设计规范	制定		2020-12-9	2021-4-1	工业和信息化部	J2926—2021	大庆石化工程有限公司
74	SH/T 3216—2020	储气井工程技术规范	制定		2020-12-9	2021-4-1	工业和信息化部	J2927—2021	四川川油天然气科技投股份有限公司

续表

序号	标准编号	标准名称	类型（制定或修订）	被代替标准编号	发布日期	实施日期	批准部门	备案号	主编单位
75	SH/T 3369－2020	石油化工电缆桥架施工及验收规范	制定		2020－12－9	2021－4－1	工业和信息化部	J2928－2021	中石化南京工程有限公司、中国石化扬子石油化工有限公司
76	HG/T 20572－2020	化工企业给水排水详细工程设计内容深度规范	修订	HG/T 20572－2007	2020－12－09	2021－04－01	工业和信息化部	J663－2021	赛鼎工程有限公司、东华工程科技股份有限公司等
77	HG/T 20580－2020	钢制化工容器设计基础规范	修订	HG/T 20580－2011	2020－12－09	2021－04－01	工业和信息化部	J1206－2021	中石化宁波工程有限公司
78	HG/T 20581－2020	钢制化工容器材料选用规范	修订	HG/T 20581－2011	2020－12－09	2021－04－01	工业和信息化部	J1205－2021	中石化上海工程有限公司
79	HG/T 20582－2020	钢制化工容器强度计算规范	修订	HG/T 20582－2011	2020－12－09	2021－04－01	工业和信息化部	J1204－2021	中国五环工程有限公司
80	HG/T 20583－2020	钢制化工容器结构设计规范	修订	HG/T 20583－2011	2020－12－09	2021－04－01	工业和信息化部	J1203－2021	赛鼎工程有限公司
81	HG/T 20584－2020	钢制化工容器制造技术要求	修订	HG/T 20584－2011	2020－12－09	2021－04－01	工业和信息化部	J1202－2021	辽宁元创石化技术有限公司
82	HG/T 20585－2010	钢制低温压力容器技术规范	修订	HG/T 20585－2011	2020－12－09	2021－04－01	工业和信息化部	J1201－2021	中石油吉林化工工程有限公司
83	HG/T 20720－2020	工业建筑钢结构用水性防腐蚀涂料施工及验收规范	制定		2020－04－16	2020－10－01	工业和信息化部	J2845－2020	上海市闵行区腐蚀科学技术学会、上海建科检验有限公司、华豹（天津）新材料科技发展股份有限公司

续表

序号	标准编号	标准名称	类型（制定或修订）	被代替标准编号	发布日期	实施日期	批准部门	备案号	主编单位
84	HG/T 20716－2020	海洋静力触探测试技术规程	制定		2020－04－16	2020－10－01	工业和信息化部	J2844－2020	中石化石油工程设计有限公司
85	HG/T 20713－2020	重金属铅、锌、镉、铜、镍污染土壤原地修复技术规范	制定		2020－12－09	2021－04－01	工业和信息化部	J2874－2021	化学工业岩土工程有限公司（东南大学）
86	HG/T 20715－2020	工业污染场地竖向阻隔技术规范	制定		2020－12－09	2021－04－01	工业和信息化部	J2875－2021	化学工业岩土工程有限公司，东南大学
87	HG/T 20718－2020	基坑减压双排帷幕支护结构设计规范	制定		2020－12－09	2021－04－01	工业和信息化部	J2876－2021	化学工业岩土工程有限公司，南京工业大学
88	SL/T 264－2020	水利水电工程岩石试验规程	修订	SL 264－2001	2020－4－15	2020－7－15	水利部		长江水利委员会长江科学院
89	SL/T 722－2020	水工钢闸门和启闭机安全运行规程	修订	SL/T 240－1999 SL 722－2015	2020－4－15	2020－7－15	水利部		水利部水工金属结构质量检验测试中心
90	SL/T 781－2020	水利水电工程过电压保护及绝缘配合设计规范	制定		2020－4－15	2020－7－15	水利部		中水东北勘测设计研究院有限责任公司
91	SL/T 794－2020	堤防工程安全监测技术规程	制定		2020－4－15	2020－7－15	水利部		黄河水利委员会黄河水利科学研究院
92	SL/T 795－2020	水利水电建设工程安全生产条件和设施综合分析报告编制导则	制定		2020－5－15	2020－8－15	水利部		水利水电规划设计总院

续表

序号	标准编号	标准名称	类型（制定或修订）	被代替标准编号	发布日期	实施日期	批准部门	备案号	主编单位
93	SL/T 792－2020	水工建筑物地基处理设计规范	制定		2020－5－15	2020－8－15	水利部		长江勘测规划设计研究院有限责任公司
94	SL/T 769－2020	农田灌溉建设项目水资源论证导则	制定		2020－5－15	2020－8－15	水利部		水利部水资源管理中心
95	SL/T 212－2020	水工预应力锚固技术规范	修订	SL 212－2012 SL 46－94	2020－6－5	2020－9－5	水利部		中水东北勘测设计研究院有限责任公司
96	SL/T 796－2020	小型水电站下游河道减脱水防治技术导则	制定		2020－6－5	2020－9－5	水利部		国际小水电中心
97	SL/T 4－2020	农田排水工程技术规范	修订	SL 4－2013	2020－6－30	2020－9－30	水利部		中国水利水电科学研究院
98	SL/T 780－2020	水利水电工程金属结构制作与安装安全技术规程	制定		2020－6－30	2020－9－30	水利部		三峡大学
99	SL/T 790－2020	水工隧洞安全鉴定规程	制定		2020－6－30	2020－9－30	水利部		南京水利科学研究院
100	SL/T 278－2020	水利水电工程水文计算规范	修订	SL 278－2002	2020－7－24	2020－10－24	水利部		水利部长江水利委员会水文局
101	SL/T 800－2020	河湖生态系统保护与修复工程技术导则	制定		2020－9－25	2020－12－25	水利部		中国水利水电科学研究院
102	SL/T 802－2020	水工建筑物水泥化学复合灌浆施工规范	制定		2020－9－25	2020－12－25	水利部		长江水利委员会长江科学院
103	SL 47－2020	水工建筑物岩石地基开挖施工技术规范	修订	SL 47－94	2020－11－2	2021－2－2	水利部		长江水利委员会长江科学院

续表

序号	标准编号	标准名称	类型（制定或修订）	被代替标准编号	发布日期	实施日期	批准部门	备案号	主编单位
104	SL/T 171-2020	堤防工程管理设计规范	修订	SL 171-96	2020-11-2	2021-2-2	水利部		河南黄河勘测设计研究院
105	SL/T 274-2020	碾压式土石坝设计规范	修订	SL 274-2001	2020-11-30	2021-2-28	水利部		黄河勘测规划设计有限公司
106	SL/T 285-2020	水利水电工程进水口设计规范	修订	SL 285-2003	2020-11-30	2021-2-28	水利部		长江勘测规划设计研究有限责任公司
107	SL/T 804-2020	淤地坝技术规范	制定	SL 289-2003 SL 302-2004	2020-11-30	2021-2-28	水利部		黄河上中游管理局
108	SL/T 62-2020	水工建筑物水泥灌浆施工技术规范	修订	SL 62-2014	2020-11-30	2021-2-28	水利部		中国水电基础局有限公司
109	SL/T 281-2020	水利水电工程压力钢管设计规范	修订	SL 281-2003	2020-11-30	2021-2-28	水利部		云江勘测规划设计研究有限公司
110	SL/T 291-2020	水利水电工程钻探规程	修订	SL 291-2003	2020-11-30	2021-2-28	水利部		中水东北勘测设计研究有限责任公司
111	SL/T 299-2020	水利水电工程地质测绘规程	修订	SL 299-2004	2020-11-30	2021-2-28	水利部		中水北方勘测设计研究有限责任公司
112	SL/T 352-2020	水工混凝土试验规程	修订	SL 352-2006	2020-11-30	2021-2-28	水利部		中国水利水电科学研究院
113	SL/T 805-2020	水工纤维混凝土应用技术规范	制定		2020-11-30	2021-2-28	水利部		南京水利科学研究院
114	SL/T 158-2020	水工建筑物水流脉动压力和流激振动模型试验规程	修订	SL 158-2010	2020-12-15	2021-3-15	水利部		中国水利水电科学研究院
115	SL/T 318-2020	水利血防技术规范	修订	SL 318-2011	2020-12-15	2021-3-15	水利部		长江水利委员会长江水利科学院

续表

序号	标准编号	标准名称	类型（制定或修订）	被代替标准编号	发布日期	实施日期	批准部门	备案号	主编单位
116	YS/T 5206－2020	工程地质测绘规程	修订	YS 5206－2000	2020－4－16	2020－10－1	工业和信息化部	J98－2020	中国有色金属长沙勘察设计研究院有限公司
117	YS/T 5224－2020	旁压试验规程	修订	YS 5224－2000	2020－4－16	2020－10－1	工业和信息化部	J2842－2020	中国有色金属长沙勘察设计研究院有限公司
118	YS/T 5216－2020	压水试验规程	修订	YS 5216－2000	2020－4－16	2020－10－1	工业和信息化部	J2843－2020	中国有色金属长沙勘察设计研究院有限公司
119	YS/T 5435－2020	有色金属矿山井巷工程质量检验评定标准	制定		2020－12－9	2021－4－1	工业和信息化部	J2873－2021	有色金属工业建设工程质量监督总站
120	GY/T 5093－2020	应急广播平台工程建设技术标准	制定		2020－06－18	2020－07－01	国家广播电视总局	J2847－2020	中央广播电视总台，中广电广播电影电视设计研究院
121	GY/T 5069－2020	中、短波广播发射台场地选址技术标准	修订	GY 5069－2001	2020－12－14	2020－12－14	国家广播电视总局	J138－2020	中广电广播电影电视设计研究院
122	GY/T 5057－2020	中、短波广播天馈线系统安装工程施工及验收标准	修订	GY 5057－2006	2020－12－14	2020－12－14	国家广播电视总局	J656－2020	国家广播电视总局无线电台管理局
123	TB 10301－2020	铁路工程基本作业施工安全技术规程	修订	TB 10301－2009	2020－02－13	2020－12－24	国家铁路局	J944－2020	中铁十一局集团有限公司
124	TB 10302－2020	铁路路基工程施工安全技术规程	修订	TB 10302－2009	2020－02－13	2020－05－01	国家铁路局	J945－2020	中铁十二局集团有限公司

续表

序号	标准编号	标准名称	类型(制定或修订)	被代替标准编号	发布日期	实施日期	批准部门	备案号	主编单位
125	TB 10303-2020	铁路桥涵工程施工安全技术规程	修订	TB 10303-2009	2020-02-13	2020-05-01	国家铁路局	J946-2020	中铁三局集团有限公司
126	TB 10304-2020	铁路隧道工程施工安全技术规程	修订	TB 10304-2009	2020-02-13	2020-05-01	国家铁路局	J947-2020	中铁二局集团有限公司
127	TB 10305-2020	铁路轨道工程施工安全技术规程	修订	TB 10305-2009	2020-02-13	2020-05-01	国家铁路局	J948-2020	中铁一局集团有限公司
128	TB 10307-2020	铁路通信、信号、信息工程施工安全技术规程	修订	TB 10306-2009	2020-02-13	2020-05-01	国家铁路局	J949-2020	通号工程局集团有限公司
129	TB 10308-2020	铁路电力、电力牵引供电工程施工安全技术规程	修订	TB 10306-2009	2020-02-13	2020-05-01	国家铁路局	J2822-2020	中国中铁电气化集团有限公司
130	TB 10422-2020	铁路给水排水工程施工质量验收标准	修订	TB 10422-2011	2020-04-23	2020-08-01	国家铁路局	J944-2020	中铁四局集团有限公司
131	TB 10423-2020	铁路站场工程施工质量验收标准	修订	TB 10423-2014	2020-04-23	2020-08-01	国家铁路局	J1827-2020	中铁五局集团有限公司
132	TB 10427-2020	铁路客运服务信息系统工程施工质量验收标准	修订	TB 10427-2011	2020-03-04	2020-06-01	国家铁路局	J1226-2020	通号通信信息集团有限公司
133	TB 10450-2020	铁路路基支挡结构检测规程	制定		2020-04-23	2020-08-01	国家铁路局	J2846-2020	中铁二院工程集团有限责任公司

续表

序号	标准编号	标准名称	类型（制定或修订）	被代替标准编号	发布日期	实施日期	批准部门	备案号	主编单位
134	TB/T 10435－2020	铁路列车调度指挥系统及调度集中系统工程检测规程	制定			2020－11－01	国家铁路局	J2850－2020	卡斯柯信号有限公司
135	TB 10095－2020	铁路斜拉桥设计规范	制定		2020－12－02	2021－03－01	国家铁路局	J2870－2020	中铁大桥勘测设计院集团有限公司
136	TB 10127－2020	铁路桥梁钢管混凝土结构设计规范	制定		2020－12－02	2021－03－01	国家铁路局	J2871－2020	中铁工程设计咨询集团有限公司
137	TB 10624－2020	市域（郊）铁路设计规范	制定		2020－12－24	2021－02－01	国家铁路局	J2872－2020	中铁第四勘察设计院集团有限公司
138	QB/T 6014－2020	酒精厂设计规范	修订	QB/T 6014－1996	2020－12－9	2021－4－1	工业和信息化部		中国轻工业广州工程有限公司
139	QB/T 6018－2020	塑料制品厂设计规范	修订	QB/T 6018－1998	2020－12－9	2021－4－1	工业和信息化部		中国海诚工程科技股份有限公司
140	QB/T 6011－2020	皮革、毛皮厂设计规范	修订	QB/T 6011－1995	2020－12－9	2021－4－1	工业和信息化部		中国轻工业成都设计工程有限公司
141	QB/T 6017－2020	日用陶瓷厂设计规范	修订	QB/T 6017－1997	2020－12－9	2021－4－1	工业和信息化部		中国轻工业长沙工程有限公司

附录四 2020 年发布的工程建设地方标准

序号	标准编号	标准名称	替代标准号	批准日期	施行日期	备案号	批准部门
1	DB11/T 1315－2020	绿色建筑工程验收规范	DB11/T 1315－2015	2020－06－28	2020－10－01	J13382－2020	北京市市场监督管理局
2	DB11/1740－2020	住宅设计规范		2020－07－02	2021－01－01	J15036－2020	北京市规划和自然资源委员会、北京市市场监督管理局
3	DB11/1761－2020	步行和自行车交通环境规划设计标准		2020－09－29	2021－04－01	J15278－2020	北京市规划和自然资源委员会、北京市市场监督管理局
4	DB11/1762－2020	城市轨道交通车辆基地上盖综合利用工程设计防火标准		2020－09－29	2021－04－01	J15277－2020	北京市规划和自然资源委员会、北京市市场监督管理局
5	DB11/T 1726－2020	市政基础设施岩土工程勘察规范		2020－03－24	2020－10－01	J15172－2020	北京市规划和自然资源委员会、北京市市场监督管理局
6	DB11/T 1727－2020	火灾后钢结构损伤评估技术规程		2020－03－24	2020－07－01	J15421－2020	北京市市场监督管理局
7	DB11/T 1728－2020	海绵城市道路系统工程施工及质量验收规范		2020－03－24	2020－07－01	J15422－2020	北京市市场监督管理局
8	DB11/T 1742－2020	海绵城市规划编制与评估标准		2020－06－28	2021－01－01	J15239－2020	北京市规划和自然资源委员会、北京市市场监督管理局
9	DB11/T 1743－2020	海绵城市建设设计标准		2020－06－28	2021－01－01	J15240－2020	北京市规划和自然资源委员会、北京市市场监督管理局
10	DB11/T 1744－2020	城市轨道交通车站安检设计标准		2020－06－28	2020－10－01	J15241－2020	北京市规划和自然资源委员会、北京市市场监督管理局
11	DB11/T 1745－2020	建筑工程施工技术管理规程		2020－06－28	2020－10－01	J15423－2020	北京市市场监督管理局

续表

序号	标准编号	标准名称	替代标准号	批准日期	施行日期	备案号	批准部门
12	DB11/T 1746-2020	钢结构住宅技术规程		2020-06-28	2021-01-01	J15245-2020	北京市市场监督管理局、北京市规划和自然资源委员会、北京市住房和城乡建设委员会
13	DB11/T 1763-2020	干线公路附属设施用地标准		2020-09-15	2021-04-01	J15433-2020	北京市市场监督管理局
14	DB11/T 1810-2020	装配式抗震支吊架施工质量验收规范		2020-12-22	2021-04-01	J15669-2021	北京市住房和城乡建设委员会、北京市市场监督管理局
15	DB11/T 1811-2020	厨房、厕浴间防水技术规程		2020-12-22	2021-04-01	J15670-2021	北京市住房和城乡建设委员会、北京市市场监督管理局
16	DB11/T 1812-2020	既有玻璃幕墙安全性检测与鉴定技术规程		2020-12-22	2021-04-01	J15671-2021	北京市规划和自然资源委员会、北京市市场监督管理局
17	DB11/T 1813-2020	公共建筑机动车停车配建指标		2020-12-22	2021-04-01	J15511-2021	北京市规划和自然资源委员会、北京市市场监督管理局
18	DB11/T 1814-2020	城市道路平面交叉口红线展宽和切角规划设计规范		2020-12-22	2021-07-01	J15535-2021	北京市规划和自然资源委员会、北京市市场监督管理局
19	DB11/T 729-2020	外墙外保温工程施工防火安全技术规程	DB11/T 729-2010	2020-12-22	2021-04-01	J11545-2021	北京市住房和城乡建设委员会、北京市市场监督管理局
20	DB11/T 808-2020	市政基础设施工程资料管理规程	DB11/T 808-2011	2020-12-22	2021-04-01	J10254-2021	北京市住房和城乡建设委员会、北京市市场监督管理局
21	DB11/891-2020	居住建筑节能设计标准	DB11/891-2012	2020-07-02	2021-01-01	J12070-2020	北京市规划和自然资源委员会、北京市市场监督管理局
22	DB/T 29-58-2020	天津市建筑物雷电电磁脉冲防护技术标准	DB/T 29-58-2010	2020-10-16	2020-12-01	J10308-2020	天津市住房和城乡建设委员会

续表

序号	标准编号	标准名称	替代标准号	批准日期	施行日期	备案号	批准部门
23	DB/T 29－86－2020	天津市建设工程文件归档整理规程	DB/T 29－86－2011	2020－10－16	2020－12－01	J10424－2020	天津市住房和城乡建设委员会
24	DB/T 29－209－2020	天津市建筑工程施工质量验收资料管理规程	DB/T 29－209－2011	2020－10－16	2020－12－01	J11850－2020	天津市住房和城乡建设委员会
25	DB/T 29－270－2019	天津市预应力混凝土矩形支护桩技术规程		2020－06－28	2020－09－01	J15259－2020	天津市住房和城乡建设委员会
26	DB/T 29－274－2019	超低能耗居住建筑设计标准		2020－03－13	2020－04－01	J14976－2020	天津市住房和城乡建设委员会
27	DB/T 29－276－2020	城市综合管廊监控与报警系统安装工程施工规范		2020－03－16	2020－05－01	J15120－2020	天津市住房和城乡建设委员会
28	DB/T 29－277－2020	城市综合管廊工程资料管理规程		2020－03－16	2020－05－01	J15121－2020	天津市住房和城乡建设委员会
29	DB/T 29－278－2020	天津市逆作法地下工程技术规程		2020－06－28	2020－09－01	J15260－2020	天津市住房和城乡建设委员会
30	DB/T 29－279－2020	天津市城市轨道交通结构安全保护技术规程		2020－10－16	2020－12－01	J15381－2020	天津市住房和城乡建设委员会
31	DB/T 29－280－2020（天津）DB13(J)/T 8368－2020（河北）	城市综合管廊运行维护管理标准		2020－06－28（天津）2020－08－31（河北）	2020－09－01	J15288－2020	天津市住房和城乡建设委员会、河北省住房和城乡建设厅
32	DB/T 29－281－2020	天津市外模板现浇混凝土复合保温系统应用技术规程		2020－10－16	2020－12－01	J15382－2020	天津市住房和城乡建设委员会
33	DB/T 29－282－2020	天津市建筑施工榫卯式钢管脚手架安全技术规程		2020－12－11	2021－02－01	J15472－2021	天津市住房和城乡建设委员会

续表

序号	标准编号	标准名称	替代标准号	批准日期	施行日期	备案号	批准部门
34	DB/T 29-283-2020	天津市排水管道非开挖修复工程技术规程		2020-10-16	2020-12-01	J15383-2020	天津市住房和城乡建设委员会
35	DB/T 29-285-2020	天津市既有建筑绿色改造评价标准		2020-12-11	2021-02-01	J15471-2021	天津市住房和城乡建设委员会
36	DB/T 29-286-2020	天津市基坑倾斜桩无支撑支护技术规程		2020-12-11	2021-02-01	J15470-2021	天津市住房和城乡建设委员会
37	DG/T J08-15-2020	绿地设计标准	DG/T J08-15-2009	2020-08-13	2021-01-01	J11525-2020	上海市住房和城乡建设管理委员会
38	DG/T J08-52-2020	空间格构结构技术标准	DG/T J08-52-2004	2020-09-30	2021-03-01	J10508-2020	上海市住房和城乡建设管理委员会
39	DG/T J08-82-2020	养老设施建筑设计标准	DGJ08-82-2000	2020.4.17	2020.9.1	J15167-2020	上海市住房和城乡建设管理委员会
40	DG/T J08-85-2020	地下管线测绘标准	DG/T J08-85-2010	2020-08-13	2021-01-01	J10046-2020	上海市住房和城乡建设管理委员会
41	DG/T J08-95-2020	铝合金格构结构技术标准	DG/T J08-95-2001	2020.3.30	2020.9.1	J15138-2020	上海市住房和城乡建设管理委员会
42	DG/T J08-97-2019	膜结构技术标准		2020.1.17	2020.6.1	J10209-2020	上海市住房和城乡建设管理委员会
43	DGJ08-74-2020	燃气直燃型吸收式冷热水机组工程技术标准	DGJ08-74-2004	2020.12.10	2021.7.1	J10430-2021	上海市住房和城乡建设管理委员会

续表

序号	标准编号	标准名称	替代标准号	批准日期	施行日期	备案号	批准部门
44	DG/T J08－202－2020	钻孔灌注桩施工标准	DG/T J08－202－2007	2020－08－20	2021－03－01	J11042－2020	上海市住房和城乡建设管理委员会
45	DG/T J08－502－2020	预拌砂浆应用技术标准	DG/T J08－502－2012	2020－04－26	2020－10－01	J10012－2020	上海市住房和城乡建设管理委员会
46	DG/T J08－701－2020	园林绿化工程施工质量验收标准（修订）		2020－03－30	2020－09－01	J10042－2020	上海市住房和城乡建设管理委员会
47	DG/T J08－2002－2020	悬挑式脚手架安全技术标准	DG/T J08－2002－2006	2020－08－13	2020－01－01	J10885－2020	上海市住房和城乡建设管理委员会
48	DG/T J08－2004B－2020	建筑太阳能光伏发电应用技术标准		2020－09－18	2021－03－01	J11326－2020	上海市住房和城乡建设管理委员会
49	DG/T J08－2018－2020	再生骨料混凝土应用技术标准	DG/T J08－2018－2007	2020－07－01	2020－12－01	J10995－2020	上海市住房和城乡建设管理委员会
50	DG/T J08－2019－2019	膜结构检测标准		2020.1.17	2020.6.1	J11015－2020	上海市住房和城乡建设管理委员会
51	DG/T J08－2020－2020	结构混凝土抗压强度检测技术标准	DG/T J08－2020－2007	2020－11－13	2021－05－01	J11027－2021	上海市住房和城乡建设管理委员会
52	DG/T J08－2022－2020	油浸式电力变压器火灾报警与灭火系统技术标准	DG/T J08－2022－2007	2020－04－26	2020－10－01	J11039－2020	上海市住房和城乡建设管理委员会
53	DG/T J08－2023－2020	共建共享通信建筑设计标准	DG/T J08－2023－2007	2020－07－01	2020－12－01	J11022－2020	上海市住房和城乡建设管理委员会

续表

序号	标准编号	标准名称	替代标准号	批准日期	施行日期	备案号	批准部门
54	DG/T J08-2025-2020	建筑工程施工现场视频监控系统应用技术标准	DG/T J08-2025-2007	2020-11-04	2021-04-01	J11050-2020	上海市住房和城乡建设管理委员会
55	DG/T J08-2047-2020	公共建筑通信配套设施设计标准	DG/T J08-2047-2013	2020-08-13	2021-01-01	J11322-2020	上海市住房和城乡建设管理委员会
56	DG/T J08-2057-2020	公交场站规划用地及建设标准		2020-09-15	2021-03-01	J11467-2020	上海市住房和城乡建设管理委员会
57	DG/T J08-2061-2020	建设工程班组安全管理标准	DGJ08-2061-2009	2020-07-28	2021-02-01	J11543-2021	上海市住房和城乡建设管理委员会
58	DG/T J08-2065-2020	住宅二次供水技术标准	DG/T J08-2065-2009	2020-08-13	2021-01-01	J11528-2020	上海市住房和城乡建设管理委员会
59	DG/T J08-2090-2020	绿色建筑评价标准（修订）		2020-03-30	2020-07-01	J12001-2020	上海市住房和城乡建设管理委员会
60	DG/T J08-2114-2020	公共建筑能源审计标准（修订）		2020-03-30	2020-09-01	J12192-2020	上海市住房和城乡建设管理委员会
61	DG/T J08-2132-2020	地下工程橡胶防水材料成品检测及工程应用验收标准	DG/T J08-2132-2013	2020-09-10	2021-03-01	J12475-2020	上海市住房和城乡建设管理委员会
62	DG/T J08-2135-2020	建设工程造价指标指数分析标准		2020-03-30	2020-09-01	J15140-2020	上海市住房和城乡建设管理委员会
63	DG/T J08-2141-2020	隧道发光二极管照明应用技术标准	DG/T J08-2141-2014	2020-10-19	2021-04-01	J12715-2021	上海市住房和城乡建设管理委员会

续表

序号	标准编号	标准名称	替代标准号	批准日期	施行日期	备案号	批准部门
64	DG/T J08-2311-2019	市政地下空间建筑信息模型应用标准		2020.1.17	2020.6.1	J15030-2020	上海市住房和城乡建设管理委员会
65	DG/T J08-2312-2019	城市工程测量规范		2020.1.23	2020.6.1	J15141-2020	上海市住房和城乡建设管理委员会
66	DG/T J08-2313-2020	城市轨道交通客乘信息系统技术标准		2020.1.17	2020.7.1	J15031-2020	上海市住房和城乡建设管理委员会
67	DG/T J08-2314-2020	建筑同层排水系统应用技术标准		2020.3.30	2020.9.1	J15143-2020	上海市住房和城乡建设管理委员会
68	DG/T J08-2316-2020	太阳能与空气源热泵热水系统应用技术标准		2020.3.30	2020.9.1	J15142-2020	上海市住房和城乡建设管理委员会
69	DG/T J08-2317-2020	土地整治项目工程质量验收标准		2020.3.30	2020.9.1	J15139-2020	上海市住房和城乡建设管理委员会
70	DG/T J08-2318-2020	彩色路面技术标准		2020.4.26	2020.10.1	J15166-2020	上海市住房和城乡建设管理委员会
71	DG/T J08-2319-2020	道路视频监控信息系统联网技术标准		2020-05-27	2020-11-01	J15389-2020	上海市住房和城乡建设管理委员会
72	DG/T J08-2320-2020	地质信息数据标准		2020-05-27	2020-11-01	J15390-2020	上海市住房和城乡建设管理委员会
73	DG/T J08-2321-2020	公共建筑节能运行管理标准		2020-06-22	2020-12-01	J15279-2020	上海市住房和城乡建设管理委员会

续表

序号	标准编号	标准名称	替代标准号	批准日期	施行日期	备案号	批准部门
74	DG/T J08－2322－2020	测绘成果质量检验标准		2020－08－13	2021－03－01	J15280－2020	上海市住房和城乡建设管理委员会
75	DG/T J08－2323－2020	退出民防序列工程处置技术标准		2020－08－13	2021－02－01	J15281－2020	上海市住房和城乡建设管理委员会
76	DG/T J08－2324－2020	浅层地热能开发利用监测技术标准		2020－08－13	2021－03－01	J15282－2020	上海市住房和城乡建设管理委员会
77	DG/T J08－2325－2020	轨道交通规划设计标准		2020－09－15	2021－03－01	J15385－2020	上海市住房和城乡建设管理委员会
78	DG/T J08－2326－2020	建筑消能减震及隔震技术标准		2020－08－13	2021－01－01	J15292－2020	上海市住房和城乡建设管理委员会
79	DG/T J08－2327－2020	建筑幕墙设计文件编制深度标准		2020－08－13	2021－01－01	J15296－2020	上海市住房和城乡建设管理委员会
80	DG/T J08－2328－2020	建筑风环境气象参数标准		2020－08－13	2021－01－01	J15294－2020	上海市住房和城乡建设管理委员会
81	DG/T J08－2329－2020	民用建筑可再生能源综合利用核算标准		2020－09－15	2021－03－01	J15388－2020	上海市住房和城乡建设管理委员会
82	DG/T J08－2330－2020	民防工程防护设备设施质量检测与评定标准		2020－08－24	2021－02－01	J15295－2020	上海市住房和城乡建设管理委员会
83	DG/T J08－2331－2020	原位利用疏浚泥建设生态护岸技术标准		2020－09－15	2021－03－01	J15387－2020	上海市住房和城乡建设管理委员会

续表

序号	标准编号	标准名称	替代标准号	批准日期	施行日期	备案号	批准部门
84	DG/T J08－2332－2020	木结构加固技术标准		2020－08－24	2021－02－01	J15293－2020	上海市住房和城乡建设管理委员会
85	DG/T J08－2334－2020	施工现场安全资料和记录实施标准		2020－11－04	2021－04－01	J15432－2020	上海市住房和城乡建设管理委员会
86	DG/T J08－2335－2020	郊野公园设计标准		2020－10－14	2021－04－01	J15386－2020	上海市住房和城乡建设管理委员会
87	DG/T J08－2336－2020	绿道建设技术标准		2020－12－03	2021－05－01	J15503－2021	上海市住房和城乡建设管理委员会
88	DG/T J08－2337－2020	绿色通用厂房（库）评价标准		2020－11－04	2021－04－01	J15431－2020	上海市住房和城乡建设管理委员会
89	DG/T J08－2338－2020	既有建筑绿色改造技术标准		2020－11－04	2021－04－01	J15429－2020	上海市住房和城乡建设管理委员会
90	DG/T J08－2339－2020	有轨电车工程施工质量验收标准		2020－11－20	2021－05－01	J15504－2021	上海市住房和城乡建设管理委员会
91	DG/T J08－2340－2020	城市道路交通规划标准		2020－11－04	2021－04－01	J15430－2020	上海市住房和城乡建设管理委员会
92	DG/T J08－2341－2020	堤防工程钢板桩围堰技术标准		2020－11－04	2021－04－01	J15427－2020	上海市住房和城乡建设管理委员会
93	DG/T J08－234－2020	玻璃纤维增强塑料夹砂排水管道工程施工及验收标准	DG/T J08－234－2001	2020－07－28	2021－01－01	J15428－2020	上海市住房和城乡建设管理委员会

续表

序号	标准编号	标准名称	替代标准号	批准日期	施行日期	备案号	批准部门
94	DG/T J08－2342－2020	地下式污水处理厂设计标准		2020－12－03	2021－05－01	J15505－2021	上海市住房和城乡建设管理委员会
95	DG/T J08－2345－2020	轨道交通桥墩预制拼装技术标准		2020－12－03	2021－05－01	J15506－2021	上海市住房和城乡建设管理委员会
96	DG/T J08－2346－2020	住宅工程质量潜在缺陷风险管理标准		2020－11－20	2021－05－01	J15645－2021	上海市住房和城乡建设管理委员会
97	DG/T J08－2348－2020	绿色公路技术标准		2020－12－03	2021－05－01	J15507－2021	上海市住房和城乡建设管理委员会
98	DG/T J08－235－2020	预应力施工技术标准	DG/T J08－235－2012	2020－11－04	2021－04－01	J12145－2020	上海市住房和城乡建设管理委员会
99	DBJ50/T－039－2020	绿色生态住宅（绿色建筑）小区建设技术标准	DBJ50/T－039－2018	2020－05－20	2020－07－01	J10535－2020	重庆市住房和城乡建设委员会
100	DBJ50－052－2020	公共建筑节能（绿色建筑）设计标准		2020－07－01	2020－09－01	J10850－2020	重庆市住房和城乡建设委员会
101	DBJ/T 50－056－2020	住宅区和住宅建筑内通信配套设施建设技术标准	DBJ50－056－2011	2020－12－14	2021－03－01	J11863－2021	重庆市住房和城乡建设委员会
102	DBJ50/T－065－2020	民用建筑外门窗应用技术标准		2020－04－13	2020－08－01	J11046－2020	重庆市住房和城乡建设委员会
103	DBJ50/T－066－2020	绿色建筑评价标准		2020－04－01	2020－07－01	J11047－2020	重庆市住房和城乡建设委员会
104	DBJ50－071－2020	居住建筑节能65％（绿色建筑）设计标准	DBJ50－071－2016	2020－07－01	2020－09－01	J11571－2020	重庆市住房和城乡建设委员会

续表

序号	标准编号	标准名称	替代标准号	批准日期	施行日期	备案号	批准部门
105	DBJ50/T－081－2020	公共建筑设备系统节能运行标准	DBJ50－081－2008	2020－08－24	2020－12－01	J11309－2020	重庆市住房和城乡建设委员会
106	DBJ50/T－089－2020	节能彩钢门窗应用技术标准	DBJ/T 50－089－2009	2020－09－28	2021－01－01	J11379－2020	重庆市住房和城乡建设委员会
107	DBJ50/T－123－2020	建筑护栏技术标准		2020－04－13	2020－08－01	J11787－2020	重庆市住房和城乡建设委员会
108	DBJ50/T－177－2020	建设工程通用类技术人职业技能标准	DBJ50/T－177－2014	2020－07－06	2020－10－01	J12568－2020	重庆市住房和城乡建设委员会
109	DBJ50/T－218－2020	电动汽车充电设施建设技术标准		2020－01－14	2020－05－01	J14916－2019	重庆市住房和城乡建设委员会
110	DBJ50/T－345－2020	公共建筑用能限额标准		2020－01－14	2020－05－01	J15020－2020	重庆市住房和城乡建设委员会
111	DBJ50/T－346－2020	无障碍设计标准		2020－01－14	2020－05－01	J15018－2020	重庆市住房和城乡建设委员会
112	DBJ50/T－347－2020	城轨快线车辆通用技术标准		2020－01－14	2020－05－01	J15019－2020	重庆市住房和城乡建设委员会
113	DBJ50/T－348－2020	装配式混凝土建筑结构工程施工工艺标准		2020－02－17	2020－06－01	J15023－2020	重庆市住房和城乡建设委员会
114	DBJ50/T－349－2020	城市轨道交通工程地质勘察与测量标准		2020－02－17	2020－06－01	J15024－2020	重庆市住房和城乡建设委员会
115	DBJ50/T－350－2020	主城区两江四岸消落带绿化技术标准		2020－02－17	2020－06－01	J15025－2020	重庆市住房和城乡建设委员会
116	DBJ50/T－351－2020	建筑工程红外热像法检测技术标准		2020－04－13	2020－07－01	J15135－2020	重庆市住房和城乡建设委员会
117	DBJ50/T－352－2020	工程建设工法编制标准		2020－03－12	2020－07－01	J15136－2020	重庆市住房和城乡建设委员会
118	DBJ50/T－353－2020	建筑消防应急通信设施技术标准		2020－04－13	2020－08－01	J15137－2020	重庆市住房和城乡建设委员会

续表

序号	标准编号	标准名称	替代标准号	批准日期	施行日期	备案号	批准部门
119	DBJ50/T－354－2020	城轨快线设计标准		2020－04－26	2020－08－01	J15160－2020	重庆市住房和城乡建设委员会
120	DBJ50/T－355－2020	胶轮有轨电车交通系统技术标准		2020－04－26	2020－08－01	J15161－2020	重庆市住房和城乡建设委员会
121	DBJ50/T－356－2020	智慧工地建设与评价标准		2020－04－30	2020－06－01	J15162－2020	重庆市住房和城乡建设委员会
122	DBJ50/T－357－2020	建筑外墙无机饰面砖应用技术标准		2020－05－20	2020－08－01	J15179－2020	重庆市住房和城乡建设委员会
123	DBJ50/T－358－2020	既有住宅增设电梯技术标准		2020－06－01	2020－09－01	J15214－2020	重庆市住房和城乡建设委员会
124	DBJ50－359－2020	现浇混凝土空心楼盖结构技术标准		2020－07－29	2020－10－01	J15217－2020	重庆市住房和城乡建设委员会
125	DBJ50/T－360－2020	住宅工程质量常见问题防治技术标准		2020－08－08	2020－11－01	J15274－2020	重庆市住房和城乡建设委员会
126	DBJ50/T－361－2020	建筑工程施工技术管理标准		2020－08－24	2020－12－01	J15275－2020	重庆市住房和城乡建设委员会
127	DBJ50/T－362－2020	生活垃圾收集运输体系建设标准		2020－11－03	2021－02－01	J15398－2020	重庆市住房和城乡建设委员会
128	DBJ50/T－363－2020	建筑钢筋加工配送中心建设与管理标准		2020－10－29	2021－02－01	J15399－2020	重庆市住房和城乡建设委员会
129	DBJ50/T－364－2020	绿色轨道交通技术标准		2020－10－29	2021－02－01	J15400－2020	重庆市住房和城乡建设委员会
130	DBJ50/T－365－2020	海绵城市建设项目评价标准		2020－10－29	2021－03－01	J15401－2020	重庆市住房和城乡建设委员会
131	DBJ50/T－366－2020	建设工程质量检测人员职业能力标准		2020－10－29	2021－03－01	J15402－2020	重庆市住房和城乡建设委员会
132	DBJ50/T－367－2020	热致调光中空玻璃应用技术标准		2020－11－06	2021－03－01	J15403－2020	重庆市住房和城乡建设委员会
133	DBJ50/T－368－2020	物业管理服务人员职业能力标准		2020－11－03	2021－02－01	J15404－2020	重庆市住房和城乡建设委员会
134	DBJ50/T－369－2020	建设工程房建类技术工人职业技能标准		2020－11－03	2021－02－01	J15405－2020	重庆市住房和城乡建设委员会

续表

序号	标准编号	标准名称	替代标准号	批准日期	施行日期	备案号	批准部门
135	DBJ50/T-370-2020	建设工程市政类技术工人职业技能标准		2020-11-03	2021-02-01	J15406-2020	重庆市住房和城乡建设委员会
136	DBJ50/T-371-2020	建设工程安装类技术工人职业技能标准		2020-11-03	2021-02-01	J15407-2020	重庆市住房和城乡建设委员会
137	DBJ50/T-372-2020	大型公共建筑自然通风应用技术标准		2020-11-20	2021-01-01	J15447-2021	重庆市住房和城乡建设委员会
138	DBJ50/T-373-2020	绿地草坪建植和养护技术标准		2020-12-07	2021-03-01	J15448-2021	重庆市住房和城乡建设委员会
139	DBJ50/T-374-2020	山地城市室外污水管网建设技术标准		2020-12-14	2021-03-01	J15449-2021	重庆市住房和城乡建设委员会
140	DBJ50/T-376-2020	老旧小区改造提升建设标准		2020-12-25	2021-04-01	J15545-2021	重庆市住房和城乡建设委员会
141	DBJ50/T-377-2020	装配式钢结构建筑技术标准		2020-12-25	2021-04-01	J15546-2021	重庆市住房和城乡建设委员会
142	DB13(J)185-2020	居住建筑节能设计标准(节能75%)	DB13(J)185-2015	2020-09-26	2021-01-01	J12980-2020	河北省住房和城乡建设厅
143	DB13(J)/T191-2020	聚苯模块保温系统技术规程		2020-02-25	2020-05-01	J13118-2020	河北省住房和城乡建设厅
144	DB13(J)/T241-2020	硅铝保温板应用技术规程	DB13(J)/T241-2017	2020-09-28	2020-12-01	J13947-2020	河北省住房和城乡建设厅
145	DB13(J)/T8336-2020	装配式钢节点混凝土框架结构设计标准		2020-01-15	2020-05-01	J15034-2020	河北省住房和城乡建设厅
146	DB13(J)/T8337-2020	建筑信息模型交付标准		2020-01-22	2020-05-01	J15028-2020	河北省住房和城乡建设厅
147	DB13(J)/T8338-2020	拉脱法检测混凝土抗压强度技术规程		2020-02-25	2020-05-01	J15035-2020	河北省住房和城乡建设厅
148	DB13(J)/T8339-2020	装配整体式叠合剪力墙结构技术标准		2020-02-21	2020-06-01	J15029-2020	河北省住房和城乡建设厅
149	DB13(J)/T8340-2020	地下管网球墨铸铁排水管道设计标准(高质量发展系列标准-1)		2020-03-07	2020-06-01	J15096-2020	河北省住房和城乡建设厅

续表

序号	标准编号	标准名称	替代标准号	批准日期	施行日期	备案号	批准部门
150	DB13(J)/T 8341-2020	直埋球墨铸铁热力管道设计标准(高质量发展系列标准-2)		2020-03-07	2020-06-01	J15097-2020	河北省住房和城乡建设厅
151	DB13(J)/T 8342-2020	模泡保温板应用技术规程		2020-03-06	2020-06-01	J15098-2020	河北省住房和城乡建设厅
152	DB13(J)/T 8343-2020	凹凸槽增强型保温复合板应用技术规程		2020-03-06	2020-06-01	J15099-2020	河北省住房和城乡建设厅
153	DB13(J)/T 8344-2020	扇形槽保温复合板应用技术规程		2020-03-06	2020-06-01	J15100-2020	河北省住房和城乡建设厅
154	DB13(J)/T 8345-2020	装配整体式混凝土框架结构设计标准		2020-03-25	2020-06-01	J15133-2020	河北省住房和城乡建设厅
155	DB13(J)/T 8346-2020	高耸结构检测技术标准		2020-04-13	2020-06-01	J15168-2020	河北省住房和城乡建设厅
156	DB13(J)/T 8347-2020	施工振动对建筑结构影响评价标准		2020-04-13	2020-06-01	J15169-2020	河北省住房和城乡建设厅
157	DB13(J)/T 8348-2020	现浇混凝土钢筋网片夹芯保温墙体应用技术规程		2020-04-13	2020-07-01	J15149-2020	河北省住房和城乡建设厅
158	DB13(J)/T 8349-2020	城市精细化管理标准		2020-04-28	2020-06-01	J15170-2020	河北省住房和城乡建设厅
159	DB13(J)/T 8350-2020	多槽加强型保温复合板应用技术规程		2020-05-09	2020-08-01	J15171-2020	河北省住房和城乡建设厅
160	DB13(J)/T 8351-2020	城市绿道规划设计标准	DB13(J)/T 113-2015	2020-06-17	2020-09-01	J15234-2020	河北省住房和城乡建设厅
161	DB13(J)/T 8352-2020	绿色建筑评价标准		2020-06-16	2020-09-01	J11753-2020	河北省住房和城乡建设厅
162	DB13(J)/T 8353-2020	公共机构能耗定额标准		2020-06-16	2020-10-01	J15191-2020	河北省住房和城乡建设厅
163	DB13(J)/T 8354-2020	高烈度区农房抗震设计和鉴定加固技术标准		2020-06-16	2020-10-01	J15192-2020	河北省住房和城乡建设厅
164	DB13(J)/T 8355-2020	城镇用水用气报装服务导则		2020-06-16	2020-10-01	J15215-2020	河北省住房和城乡建设厅

续表

序号	标准编号	标准名称	替代标准号	批准日期	施行日期	备案号	批准部门
165	DB13(J)/T 8356－2020	季节冻土地区装配式建筑地基基础设计标准		2020－06－17	2020－10－01	J15409－2020	河北省住房和城乡建设厅
166	DB13(J)/T 8357－2020	十字槽复合保温板应用技术标准		2020－06－16	2020－10－01	J15193－2020	河北省住房和城乡建设厅
167	DB13(J)/T 8358－2020	背筋锚固保温板组合装饰板应用技术规程		2020－06－16	2020－10－01	J15194－2020	河北省住房和城乡建设厅
168	DB13(J)/T 8359－2020	被动式超低能耗居住建筑节能设计标准	DB13(J)/T 273－2018	2020－06－23	2020－12－01	J14407－2020	河北省住房和城乡建设厅
169	DB13(J)/T 8360－2020	被动式超低能耗公共建筑节能设计标准	DB13(J)/T 263－2018	2020－06－23	2020－12－01	J14297－2020	河北省住房和城乡建设厅
170	DB13(J)/T 8361－2020	冷连接双层钢丝网保温板应用技术标准		2020－07－06	2020－10－01	J15235－2020	河北省住房和城乡建设厅
171	DB13(J)/T 8362－2020	点连式限位钢丝网片内置保温板应用技术标准		2020－07－06	2020－10－01	J15236－2020	河北省住房和城乡建设厅
172	DB13(J)/T 8363－2020	水平定向钻进法管线敷设工程技术规程		2020－07－06	2020－11－01	J15237－2020	河北省住房和城乡建设厅
173	DB13(J)/T 8364－2020	城镇污水处理厂节能运行标准		2020－07－21	2020－10－01	J15246－2020	河北省住房和城乡建设厅
174	DB13(J)/T 8365－2020	城镇污水处理厂运行评价标准		2020－07－21	2020－10－01	J15247－2020	河北省住房和城乡建设厅
175	DB13(J)/T 8366－2020	人工湿地污水处理技术标准		2020－07－21	2020－10－01	J15248－2020	河北省住房和城乡建设厅
176	DB13(J)/T 8367－2020	双卡点连接钢丝网焊网内置保温板应用技术标准		2020－08－13	2020－11－01	J15283－2020	河北省住房和城乡建设厅
177	DB13(J)/T 8369－2020	城市轨道交通基坑内支撑支护技术规程		2020－08－28	2020－11－01	J15355－2020	河北省住房和城乡建设厅
178	DB13(J)/T 8370－2020	现浇混凝土内置双挂网保温板应用技术标准		2020－09－01	2020－11－01	J15298－2020	河北省住房和城乡建设厅

续表

序号	标准编号	标准名称	替代标准号	批准日期	施行日期	备案号	批准部门
179	DB13(J)/T 8371－2020	内置钢丝网凹型保温板应用技术标准		2020－09－08	2020－11－01	J15297－2020	河北省住房和城乡建设厅
180	DB13(J)/T 8372－2020	建设工程质量安全智能监管技术标准		2020－09－26	2020－12－01	J15356－2020	河北省住房和城乡建设厅
181	DB13(J)/T 8373－2020	既有建筑减震隔震加固技术规程		2020－09－27	2020－12－01	J15357－2020	河北省住房和城乡建设厅
182	DB13(J)/T 8374－2020	农村低能耗居住建筑节能设计标准		2020－09－26	2021－01－01	J15358－2020	河北省住房和城乡建设厅
183	DB13(J)/T 8375－2020	城市智慧供热技术标准		2020－09－26	2021－01－01	J15408－2020	河北省住房和城乡建设厅
184	DB13(J)/T 8376－2020	老旧小区基础设施及环境综合改造技术标准		2020－09－28	2021－01－01	J15359－2020	河北省住房和城乡建设厅
185	DB13(J)/T 8377－2020	建筑施工安全管理标准		2020－09－26	2021－01－01	J15360－2020	河北省住房和城乡建设厅
186	DB13(J)/T 8378－2020	建筑同层排水工程技术标准		2020－11－09	2021－02－01	J15434－2020	河北省住房和城乡建设厅
187	DB13(J)/T 8379－2020	抗剪锚固钢片点连式现浇混凝土内置保温系统技术标准		2020－11－09	2021－02－01	J15435－2020	河北省住房和城乡建设厅
188	DB13(J)/T 8380－2020	公租房小区智能化管理标准		2020－11－20	2021－03－01	J15436－2020	河北省住房和城乡建设厅
189	DB13(J)/T 8381－2020	康养社区建设规划设计标准		2020－11－20	2021－03－01	J15420－2020	河北省住房和城乡建设厅
190	DB13(J)/T 8382－2020	城市嵌入式社区养老设施建设设计标准		2020－11－20	2021－03－01	J15621－2021	河北省住房和城乡建设厅
191	DB13(J)/T 8383－2020	百年住宅设计标准		2020－11－20	2021－03－01	J15622－2021	河北省住房和城乡建设厅
192	DB13(J)/T 8384－2020	百年公共建筑结构设计标准		2020－11－20	2021－03－01	J15623－2021	河北省住房和城乡建设厅
193	DB13(J)/T 8385－2020	全固废高性能混凝土应用技术标准		2020－11－20	2021－03－01	J15624－2021	河北省住房和城乡建设厅
194	DB13(J)/T 8386－2020	老旧小区既有住宅建筑扩建加层改造技术标准		2020－11－27	2021－03－01	J15625－2021	河北省住房和城乡建设厅

续表

序号	标准编号	标准名称	替代标准号	批准日期	施行日期	备案号	批准部门
195	DB13(J)/T 8387－2020	装配式钢节点钢混组合结构技术标准		2020－11－20	2021－03－01	J15626－2021	河北省住房和城乡建设厅
196	DB13(J)/T 8388－2020	七十年住宅工程结构设计标准		2020－11－20	2021－03－01	J15627－2021	河北省住房和城乡建设厅
197	DB13(J)/T 8390－2020	建筑结构设计统一技术标准		2020－11－27	2021－03－01	J15905－2021	河北省住房和城乡建设厅
198	DB13(J)/T 8391－2020	城市智慧照明建设技术标准		2020－12－03	2021－03－01	J15437－2020	河北省住房和城乡建设厅
199	DB13(J)/T 8392－2020	园林植保技术标准		2020－12－24	2021－04－01	J15668－2021	河北省住房和城乡建设厅
200	DB13(J)/T 8393－2020	人民防空工程平战功能转换设计标准		2020－12－25	2021－04－01	J15628－2021	河北省住房和城乡建设厅 河北省人民防空办公室
201	DB13(J)/T 8394－2020	高延性混凝土加固砌体结构技术标准		2020－12－23	2021－04－01	J15629－2021	河北省住房和城乡建设厅
202	DBJ04/T 214(3)－2020	建筑工程施工资料管理规程(第3部分 建筑给水排水 供暖采暖 风空调 建筑电气和电梯)	DBJ04－214－2004	2020－06－30	2020－09－01	J10440－2020	山西省住房和城乡建设厅
203	DBJ04/T 226(3)－2020	建筑工程施工质量验收规程(第3部分 建筑给水排水 供暖采暖 风空调 建筑电气和电梯)	DBJ04－226－2003	2020－06－30	2020－09－01	J10262－2020	山西省住房和城乡建设厅
204	DBJ04－242－2020	居住建筑节能设计标准		2020－01－18	2020－05－01	DBJ04－242－2012	山西省住房和城乡建设厅
205	DBJ04/T 289－2020	建筑工程施工安全资料管理标准	DBJ04/T 289－2011	2020－07－16	2020－10－01	J11941－2020	山西省住房和城乡建设厅
206	DBJ04/T 399－2020	铝合金踢脚线散热器供暖技术标准		2020－01－08	2020－03－01	J15021－2020	山西省住房和城乡建设厅
207	DBJ04/T 400－2020	轮扣式钢管脚手架安全技术标准		2020－01－14	2020－03－01	J15022－2020	山西省住房和城乡建设厅
208	DBJ04－401－2020	城镇燃气居民及商业用户室内工程设计标准		2020－03－30	2020－04－01	J15182－2020	山西省住房和城乡建设厅

续表

序号	标准编号	标准名称	替代标准号	批准日期	施行日期	备案号	批准部门
209	DBJ04/T 402-2020	城乡养老设施建设标准		2020-05-14	2020-08-01	J15181-2020	山西省住房和城乡建设厅
210	DBJ04/T 403-2020	城市轨道交通建筑信息模型全生命期应用标准		2020-05-14	2020-08-01	J15180-2020	山西省住房和城乡建设厅
211	DBJ04/T 404-2020	全装修住宅工程质量验收标准		2020-08-10	2020-09-01	J15418-2020	山西省住房和城乡建设厅
212	DBJ04/T 405-2020	建筑基坑降水工程技术标准		2020-06-30	2020-09-01	J15211-2020	山西省住房和城乡建设厅
213	DBJ04/T 406-2020	建筑物移动通信(5G)基础设施建设标准		2020-06-30	2020-08-01	J15212-2020	山西省住房和城乡建设厅
214	DBJ04/T 407-2020	住宅区和住宅建筑内光纤到户通信设施施工工程技术标准		2020-06-30	2020-08-01	J15213-2020	山西省住房和城乡建设厅
215	DBJ04/T 408-2020	农村煤改气工程技术标准		2020-08-13	2020-10-01	J15216-2020	山西省住房和城乡建设厅
216	DBJ04/T 409-2020	城市轨道交通工程盾构管片预埋槽道应用技术标准		2020-07-16	2020-10-01	J15249-2020	山西省住房和城乡建设厅
217	DBJ04/T 411-2020	城市轨道交通设施设备分类与编码标准		2020-07-16	2020-10-01	J15250-2020	山西省住房和城乡建设厅
218	DBJ04/T 412-2020	城市轨道交通建筑信息模型建模标准		2020-07-16	2020-10-01	J15251-2020	山西省住房和城乡建设厅
219	DBJ04/T 413-2020	城市轨道交通建筑信息模型数字化交付标准		2020-07-16	2020-10-01	J15252-2020	山西省住房和城乡建设厅
220	DBJ04/T 416-2020	农村宅基地自建住房技术指南(标准)		2020-11-06	2020-12-01	J15438-2020	山西省住房和城乡建设厅
221	DBJ/T03-117-2020	农村牧区生活垃圾治理管理规程		2020-06-22	2020-09-01	J15195-2020	内蒙古自治区住房和城乡建设厅
222	DBJ/T03-118-2020	内蒙古自治区城镇老旧小区改造技术导则		2020-07-27	2020-07-27	J15238-2020	内蒙古自治区住房和城乡建设厅
223	DBJ15/T 2003-2020	复合保温板与结构一体化应用技术规程		2020-09-24	2020-10-01	J15329-2020	内蒙古自治区住房和城乡建设厅

续表

序号	标准编号	标准名称	替代标准号	批准日期	施行日期	备案号	批准部门
224	DB15/T 2004－2020	预制装配整体式混凝土综合管廊结构技术规程		2020－09－28	2020－12－01	J15330－2020	内蒙古自治区住房和城乡建设厅
225	DB 21/T 3230－2020	机械喷抹石膏砂浆技术规程		2020－01－30	2020－03－01	J15017－2020	辽宁省住房和城乡建设厅
226	DB21/T 3237－2020	酚醛保温装饰板外墙外保温应用技术规程		2020－02－29	2020－03－29	J15043－2020	辽宁省住房和城乡建设厅
227	DB21/T 3236－2020	《预制复合保温模板免拆模板应用技术规程》		2020－01－30	2020－03－01	J15104－2020	辽宁省住房和城乡建设厅
228	DB21/T 3244－2020	外免拆模板现浇混凝土复合保温系统应用技术规程		2020－04－30	2020－05－30	J15165－2020	辽宁省住房和城乡建设厅
229	DB21/T 2568－2020	装配式混凝土结构构件制作、施工与验收技术规程	DB21/T 2568－2016	2020－06－30	2020－07－30	J13406－2020	辽宁省住房和城乡建设厅
230	DB21/T 3284－2020	绿色建筑施工质量验收技术规程		2020－08－30	2020－09－30	J15311－2020	辽宁省住房和城乡建设厅
231	DB 21/T 3343－2020	建筑挡土墙技术规程		2020－10－30	2020－11－30	J15410－2020	辽宁省住房和城乡建设厅
232	DB21/T 3353－2020	高延性混凝土加固技术规程		2020－12－30	2021－01－30	J15513－2021	辽宁省住房和城乡建设厅
233	DB21/T 3354－2020	辽宁省绿色建筑设计标准		2020－12－30	2021－01－30	J15514－2021	辽宁省住房和城乡建设厅
234	DB22/T 5035－2020	市政桥梁结构监测技术标准		2020－04－20	2020－04－20	J15350－2020	吉林省住房和城乡建设厅、吉林省市场监督管理厅
235	DB22/T 5036－2020	建设工程项目招标投标活动程序标准		2020－04－20	2020－04－20		吉林省住房和城乡建设厅、吉林省市场监督管理厅
236	DB22/T 5037－2020	装配式混凝土建筑结构检测技术标准		2020－04－20	2020－04－20	J15351－2020	吉林省住房和城乡建设厅、吉林省市场监督管理厅
237	DB22/T 5038－2020	城镇道路再生沥青混凝土路面工程技术标准		2020－04－20	2020－04－20	J15352－2020	吉林省住房和城乡建设厅、吉林省市场监督管理厅

续表

序号	标准编号	标准名称	替代标准号	批准日期	施行日期	备案号	批准部门
238	DB22/T 5039－2020	预拌混凝土（砂浆）及沥青混凝土企业试验室配置标准		2020－04－20	2020－04－20	J15353－2020	吉林省住房和城乡建设厅、吉林省市场监督管理厅
239	DB22/T 5040－2020	建设工程见证取样检测标准	DB22/T 1035－2011	2020－04－20	2020－04－20	J12214－2020	吉林省住房和城乡建设厅、吉林省市场监督管理厅
240	DB22/T 5041－2020	既有住宅加装电梯工程技术标准		2020－07－29	2020－07－29	J15365－2020	吉林省住房和城乡建设厅、吉林省市场监督管理厅
241	DB22/T 5042－2020	既有住宅加装电梯结构加固技术标准		2020－07－29	2020－07－29	J15366－2020	吉林省住房和城乡建设厅、吉林省市场监督管理厅
242	DB22/T 5043－2020	模塑墙板低层钢结构建筑技术标准		2020－07－29	2020－07－29	J15354－2020	吉林省住房和城乡建设厅、吉林省市场监督管理厅
243	DB22/T 5044－2020	热泵系统工程技术标准	DB22/1038－2011	2020－07－29	2020－07－29	J12032－2020	吉林省住房和城乡建设厅、吉林省市场监督管理厅
244	DB22/T 5045－2020	绿色建筑评价标准	DB22/JT 137－2015	2020－08－26	2020－08－26		吉林省住房和城乡建设厅、吉林省市场监督管理厅
245	DB22/T 5046－2020	建筑施工企业生产安全风险管控标准		2020－11－27	2020－11－27		吉林省住房和城乡建设厅、吉林省市场监督管理厅
246	DB22/T 5047－2020	建筑施工企业生产安全事故隐患排查治理标准		2020－11－27	2020－11－27		吉林省住房和城乡建设厅、吉林省市场监督管理厅
247	DB22/T 5048－2020	城镇钢桥面沥青混合料铺装技术标准		2020－11－27	2020－11－27		吉林省住房和城乡建设厅、吉林省市场监督管理厅
248	DB22/T 5049－2020	绿色预拌砂浆站评价标准		2020－11－27	2020－11－27		吉林省住房和城乡建设厅、吉林省市场监督管理厅
249	DB23/T 2505－2019	装配式混凝土结构工程施工质量验收标准		2020－01－17	2020－03－01	J15016－2020	黑龙江省住房和城乡建设厅、黑龙江省市场监督管理局

续表

序号	标准编号	标准名称	替代标准号	批准日期	施行日期	备案号	批准部门
250	DB23/T 1203－2020	低温辐射电热膜供暖系统应用技术规程	DB23/T 1203－2007	2020－01－17	2020－03－01	J11151－2020	黑龙江省住房和城乡建设厅、黑龙江省市场监督管理局
251	DB23/T 1019－2020	黑龙江省建筑工程资料管理标准	DB23/T 1019－2006	2020－12－23	2021－02－01	J15467－2021	黑龙江省住房和城乡建设厅、黑龙江省市场监督管理局
252	DB23/T 1318－2020	黑龙江省建设施工现场安全生产标准化实施标准	DB23/T 1318－2009	2020－07－09	2020－09－01	J15223－2020	黑龙江省住房和城乡建设厅、黑龙江省市场监督管理局
253	DB23/T 1642－2020	黑龙江省绿色建筑评价标准	DB23/T 1642－2015	2020－11－16	2021－01－01	J13073－2020	黑龙江省住房和城乡建设厅、黑龙江省市场监督管理局
254	DB23/T 2618－2020	黑龙江省既有居住建筑加装电梯工程技术规程		2020－04－23	2020－06－01	J15156－2020	黑龙江省住房和城乡建设厅、黑龙江省市场监督管理局
255	DB23/T 2638－2020	农村生活垃圾处理标准		2020－07－09	2020－09－01	J15224－2020	黑龙江省住房和城乡建设厅、黑龙江省市场监督管理局
256	DB23/T 2639－2020	农村生活垃圾分类、收集、转运标准		2020－07－09	2020－09－01	J15225－2020	黑龙江省住房和城乡建设厅、黑龙江省市场监督管理局
257	DB23/T 2640－2020	黑龙江省住宅使用说明书编制标准		2020－07－09	2020－09－01	J15226－2020	黑龙江省住房和城乡建设厅、黑龙江省市场监督管理局
258	DB23/T 2661－2020	黑龙江省地热能供暖系统技术规程		2020－08－28	2020－10－01	J15284－2020	黑龙江省住房和城乡建设厅、黑龙江省市场监督管理局
259	DB23/T 2665－2020	城镇生活垃圾分类标准		2020－08－28	2020－10－01	J15285－2020	黑龙江省住房和城乡建设厅、黑龙江省市场监督管理局
260	DB23/T 2706－2020	黑龙江省公共建筑节能设计标准	DB23/1269－2008	2020－11－16	2021－01－01	J15417－2020	黑龙江省住房和城乡建设厅、黑龙江省市场监督管理局
261	DB23/T 2716－2020	黑龙江省城镇供水经营服务标准		2020－12－10	2021－01－01	J15474－2021	黑龙江省住房和城乡建设厅、黑龙江省市场监督管理局

续表

序号	标准编号	标准名称	替代标准号	批准日期	施行日期	备案号	批准部门
262	DB23/T 2744－2020	黑龙江省城镇燃气经营企业服务标准		2020－12－23	2021－02－01	J15475－2021	黑龙江省住房和城乡建设厅、黑龙江省市场监督管理局
263	DB23/T 2745－2020	黑龙江省城镇智慧供热技术规程		2020－12－21	2021－01－01	J15446－2020	黑龙江省住房和城乡建设厅、黑龙江省市场监督管理局
264	DB23/T 2746－2020	黑龙江省建筑物信息基础设施建设标准		2020－12－22	2021－01－01	J15468－2021	黑龙江省住房和城乡建设厅、黑龙江省市场监督管理局、黑龙江省通信管理局
265	DB23/T 2747－2020	黑龙江省农村危房改造技术规程		2020－12－23	2021－02－01	J15469－2021	黑龙江省住房和城乡建设厅、黑龙江省市场监督管理局
266	DB23/T 2765－2020	预拌混凝土早期强度推定试验方法标准		2020－12－30	2021－02－01	J15519－2021	黑龙江省住房和城乡建设厅、黑龙江省市场监督管理局
267	DB23/T 2769－2020	黑龙江省建筑工程绿色施工规程		2020－12－30	2021－02－01	J15518－2021	黑龙江省住房和城乡建设厅、黑龙江省市场监督管理局
268	DB23/T 2770－2020	黑龙江省工业安装工程绿色施工规程		2020－12－30	2021－02－01	J15517－2021	黑龙江省住房和城乡建设厅、黑龙江省市场监督管理局
269	DB23/T 2771－2020	黑龙江省城镇供热经营服务标准		2020－12－30	2021－02－01	J15516－2021	黑龙江省住房和城乡建设厅、黑龙江省市场监督管理局
270	DB23/T 2772－2020	黑龙江省城镇二次供水系统智慧泵应用技术规程		2020－12－30	2021－02－01	J15515－2021	黑龙江省住房和城乡建设厅、黑龙江省市场监督管理局
271	DB23/T 2914－2021	耐热聚乙烯(PE－RTⅡ型)低温供热管道工程技术标准		2020－06－16	2020－08－01	J15824－2021	黑龙江省住房和城乡建设厅、黑龙江省市场监督管理局
272	DB23/T 2994－2021	黑龙江省公路与城市道路工程绿色施工规程		2020－06－16	2020－08－01	J15822－2021	黑龙江省住房和城乡建设厅、黑龙江省交通运输厅、黑龙江省市场监督管理局

续表

序号	标准编号	标准名称	替代标准号	批准日期	施行日期	备案号	批准部门
273	DB23/T 2995－2021	黑龙江省水利工程绿色施工规程		2020－06－16	2020－08－01	J15823－2021	黑龙江省住房和城乡建设厅、黑龙江省水利厅、黑龙江省市场监督管理局
274	DB32/3920－2020	住宅设计标准	DGJ32/J 26－2017	2020－12－30	2021－07－01	J10822－2020	江苏省住房和城乡建设厅、江苏省市场监督管理局
275	DB32/3963－2020	绿色建筑设计标准	DGJ32/J 173－2014	2020－12－30	2021－07－01	J12777－2020	江苏省住房和城乡建设厅、江苏省市场监督管理局
276	DB32/T 3748－2020	35kV及以下客户端变电所建设标准	DGJ32/J 14－2007	2020－02－24	2020－05－01	J10685－2020	江苏省市场监督管理局、江苏省住房和城乡建设厅
277	DB32/T 3749－2020	污染场地岩土工程勘察标准		2020－02－24	2020－05－01	J15106－2020	江苏省市场监督管理局、江苏省住房和城乡建设厅
278	DB32/T 3750－2020	钢骨架成模块建筑技术标准		2020－02－24	2020－05－01	J15107－2020	江苏省市场监督管理局、江苏省住房和城乡建设厅
279	DB32/T 3751－2020	公共建筑能源审计标准	DGJ32/TJ 138－2012	2020－02－24	2020－05－01	J12131－2020	江苏省市场监督管理局、江苏省住房和城乡建设厅
280	DB32/T 3752－2020	既有建筑消能减震加固技术规程		2020－02－24	2020－05－01	J15108－2020	江苏省市场监督管理局、江苏省住房和城乡建设厅
281	DB32/T 3753－2020	江苏省装配式建筑综合评定标准		2020－02－24	2020－05－01	J15112－2020	江苏省市场监督管理局、江苏省住房和城乡建设厅
282	DB32/T 3754－2020	装配整体式混凝土结构检测技术规程		2020－02－24	2020－05－01	J15113－2020	江苏省市场监督管理局、江苏省住房和城乡建设厅
283	DB32/T 3755－2020	U型H型组合钢板桩支护技术规程		2020－02－24	2020－05－01	J15114－2020	江苏省市场监督管理局、江苏省住房和城乡建设厅

续表

序号	标准编号	标准名称	替代标准号	批准日期	施行日期	备案号	批准部门
284	DB32/T 3809－2020	防灾避难建筑设计标准		2020－09－09	2020－12－01	J15391－2020	江苏省市场监督管理局、江苏省住房和城乡建设厅
285	DB32/T 3810－2020	建筑工程防雷装置检测技术规程		2020－09－09	2020－12－01	J15392－2020	江苏省市场监督管理局、江苏省住房和城乡建设厅
286	DB32/T 3811－2020	建筑工程防雷装置施工质量验收规程		2020－09－09	2020－12－01	J15393－2020	江苏省市场监督管理局、江苏省住房和城乡建设厅
287	DB32/T 3812－2020	建筑同层排水工程技术规程		2020－09－09	2020－12－01	J15394－2020	江苏省市场监督管理局、江苏省住房和城乡建设厅
288	DB32/T 3813－2020	雨水利用工程技术标准	DGJ32/TJ 113－2011	2020－09－09	2020－12－01	J11817－2020	江苏省市场监督管理局、江苏省住房和城乡建设厅
289	DB32/T 3911－2020	轻钢龙骨式复合剪力墙房屋建筑技术规程		2020－12－21	2021－05－01	J15481－2021	江苏省住房和城乡建设厅、江苏省市场监督管理局
290	DB32/T 3912－2020	江苏省城建档案馆业务工作规程	DGJ32/C 05－2008	2020－12－21	2021－05－01	J11264－2021	江苏省住房和城乡建设厅、江苏省市场监督管理局
291	DB32/T 3913－2020	综合管廊矩形顶管工程技术规程		2020－12－21	2021－05－01	J15482－2021	江苏省住房和城乡建设厅、江苏省市场监督管理局
292	DB32/T 3914－2020	重型木结构技术标准		2020－12－21	2021－05－01	J15483－2021	江苏省住房和城乡建设厅、江苏省市场监督管理局
293	DB32/T 3915－2020	装配式混凝土结构现场施工与质量验收规程		2020－12－21	2021－05－01	J15484－2021	江苏省住房和城乡建设厅、江苏省市场监督管理局
294	DB32/T 3916－2020	建筑地基基础检测规程	DGJ32/TJ 142－2012	2020－12－21	2021－05－01	J12210－2021	江苏省住房和城乡建设厅、江苏省市场监督管理局
295	DB32/T 3917－2020	基桩自平衡法静载试验技术规程	DGJ32/TJ 77－2009	2020－12－21	2021－05－01	J11364－2021	江苏省住房和城乡建设厅、江苏省市场监督管理局

续表

序号	标准编号	标准名称	替代标准号	批准日期	施行日期	备案号	批准部门
296	DB32/T 3918－2020	工程勘察设计数字化交付标准		2020－12－21	2021－05－01	J15485－2021	江苏省住房和城乡建设厅、江苏省市场监督管理局
297	DB32/T 3919－2020	浅层地热能开发利用地质环境监测标准		2020－12－21	2021－05－01	J15486－2021	江苏省住房和城乡建设厅、江苏省市场监督管理局
298	DB32/T 3921－2020	居住建筑评估楼板保温隔声工程技术规程		2020－12－21	2021－02－01	J15487－2021	江苏省住房和城乡建设厅、江苏省市场监督管理局
299	DB32/T 3963－2020	居住区供配电设施工及验收标准		2020－12－30	2021－05－01	J15488－2021	江苏省住房和城乡建设厅、江苏省市场监督管理局
300	DB32/T 3964－2020	民用建筑能效测评标识标准	DGJ32/TJ 135－2012	2020－12－30	2021－05－01	J12023－2021	江苏省住房和城乡建设厅、江苏省市场监督管理局
301	DB32/T 3965－2020	装配化装修技术标准		2020－12－30	2021－05－01	J15489－2021	江苏省住房和城乡建设厅、江苏省市场监督管理局
302	DB33/T 1109－2020	城镇内涝防治技术标准	DB33/T 1109－2015	2020－11－26	2021－03－01	J12981－2021	浙江省住房和城乡建设厅
303	DB33/T 1186－2020	叠合板式混凝土剪力墙结构工程施工质量验收规范		2020－01－15	2020－05－01	J15044－2020	浙江省住房和城乡建设厅
304	DB33/T 1187－2020	瓶装液化气信息管理系统应用技术规程		2020－01－13	2020－05－01	J15045－2020	浙江省住房和城乡建设厅
305	DB33/T 1188－2020	城镇美丽河道评价标准		2020－06－01	2020－10－01	J15184－2020	浙江省住房和城乡建设厅
306	DB33/T 1189－2020	装配式建筑结构构件编码标准		2020－03－16	2020－08－01	J15095－2020	浙江省住房和城乡建设厅
307	DB33/T 1190－2020	石材面板保温装饰板外墙外保温系统应用技术规程		2020－03－05	2020－08－01	J15046－2020	浙江省住房和城乡建设厅
308	DB33/T 1191－2020	暴雨强度计算标准		2020－03－05	2020－08－01	J15047－2020	浙江省住房和城乡建设厅
309	DB33/T 1192－2020	建筑工程施工质量验收检查用表统一标准		2020－03－05	2020－08－01	J15048－2020	浙江省住房和城乡建设厅

续表

序号	标准编号	标准名称	替代标准号	批准日期	施行日期	备案号	批准部门
310	DB33/T 1193－2020	城市轨道交通疏散平台工程技术规程		2020－03－05	2020－08－01	J15049－2020	浙江省住房和城乡建设厅
311	DB33/T 1194－2020	地源热泵系统工程技术规程		2020－03－30	2020－09－01	J15129－2020	浙江省住房和城乡建设厅
312	DB33/T 1195－2020	既有国家机关办公建筑节能改造技术规程		2020－03－30	2020－09－01	J15130－2020	浙江省住房和城乡建设厅
313	DB33/T 1196－2020	农村生活污水处理设施污水排入标准		2020－03－31	2020－07－01	J15145－2020	浙江省住房和城乡建设厅
314	DB33/T 1197－2020	建筑地基基础工程施工质量验收检查用表标准		2020－04－02	2020－09－01	J15146－2020	浙江省住房和城乡建设厅
315	DB33/T 1198－2020	装配式混凝土结构钢筋套筒灌浆连接技术规程		2020－04－08	2020－10－01	J15147－2020	浙江省住房和城乡建设厅
316	DB33/T 1199－2020	农村生活污水处理设施建设和改造技术规程		2020－04－07	2020－07－01	J15148－2020	浙江省住房和城乡建设厅
317	DB33/T 1200－2020	园林工程技术规程		2020－06－02	2020－10－01	J15185－2020	浙江省住房和城乡建设厅
318	DB33/T 1201－2020	装配式混凝土桥墩应用技术规程		2020－06－05	2020－10－01	J15188－2020	浙江省住房和城乡建设厅
319	DB33/T 1202－2020	全过程工程咨询服务标准		2020－06－05	2020－10－01	J15189－2020	浙江省住房和城乡建设厅
320	DB33/T 1203－2020	建设工程施工扬尘控制技术标准		2020－07－09	2020－10－01	J15228－2020	浙江省住房和城乡建设厅
321	DB33/T 1204－2020	木结构工程施工质量验收检查用表标准		2020－07－14	2020－11－01	J15229－2020	浙江省住房和城乡建设厅
322	DB33/T 1205－2020	通风与空调工程施工质量验收检查用表标准		2020－07－14	2020－11－01	J15230－2020	浙江省住房和城乡建设厅
323	DB33/T 1206－2020	建筑电气工程施工质量验收检查用表标准		2020－07－13	2020－11－01	J15231－2020	浙江省住房和城乡建设厅

续表

序号	标准编号	标准名称	替代标准号	批准日期	施行日期	备案号	推进部门
324	DB33/T 1207－2020	城市轨道交通信号工程施工质量验收标准		2020－07－28	2020－11－01	J15261－2020	浙江省住房和城乡建设厅
325	DB33/T 1208－2020	工型混凝土预制桩水泥土连续墙技术规程		2020－08－04	2020－12－01	J15262－2020	浙江省住房和城乡建设厅
326	DB33/T 1209－2020	无机轻集料保温板外墙保温系统应用技术规程		2020－08－10	2020－12－01	J15267－2020	浙江省住房和城乡建设厅
327	DB33/T 1210－2020	城市公共厕所建设与管理标准		2020－08－11	2020－12－01	J15290－2020	浙江省住房和城乡建设厅
328	DB33/T 1211－2020	城镇燃气设施安全检查标准		2020－08－10	2020－12－01	J15344－2020	浙江省住房和城乡建设厅
329	DB33/T 1212－2020	农村生活污水处理设施标准化运维评价标准		2020－08－27	2021－01－01	J15291－2020	浙江省住房和城乡建设厅
330	DB33/T 1213－2020	城镇污水处理厂运行质量控制标准		2020－09－23	2021－01－01	J15334－2020	浙江省住房和城乡建设厅
331	DB33/T 1214－2020	建筑装饰装修工程施工质量验收检查用表标准		2020－09－22	2021－01－01	J15335－2020	浙江省住房和城乡建设厅
332	DB33/T 1215－2020	城市轨道交通隧道工程施工质量验收标准		2020－11－02	2021－02－01	J15424－2020	浙江省住房和城乡建设厅
333	DB33/T 1216－2020	砌体结构工程施工质量验收检查用表标准		2020－11－10	2021－03－01	J15425－2020	浙江省住房和城乡建设厅
334	DB33/T 1217－2020	屋面工程质量验收检查用表标准		2020－11－10	2021－03－01	J15439－2020	浙江省住房和城乡建设厅
335	DB33/T 1218－2020	建设工程管理信息编码标准		2020－11－17	2021－03－01	J15426－2020	浙江省住房和城乡建设厅
336	DB33/T 1219－2020	建设工程图纸数字化管理标准		2020－11－19	2021－03－01	J15450－2021	浙江省住房和城乡建设厅
337	DB33/T 1220－2020	城乡一体化供水管网物联网信息系统应用技术规程		2020－12－16	2021－06－01	J15451－2021	浙江省住房和城乡建设厅

续表

序号	标准编号	标准名称	替代标准号	批准日期	施行日期	备案号	批准部门
338	DB33/T 1221-2020	建筑施工承插型轮扣式钢管模板支架技术规程		2020-12-07	2021-05-01	J15452-2021	浙江省住房和城乡建设厅
339	DB33/T 1222-2020	新建住宅小区生活垃圾分类设施设置标准		2020-12-03	2021-05-01	J15440-2020	浙江省住房和城乡建设厅
340	DB33/T 1223-2020	淤泥固化土地基技术规程		2020-12-03	2021-05-01	J15441-2020	浙江省住房和城乡建设厅
341	DB33/T 1224-2020	城市轨道交通结构监测技术规程		2020-12-14	2021-06-01	J15453-2021	浙江省住房和城乡建设厅
342	DB33/T 1225-2020	城乡一体化供水延伸管网运行管理标准		2020-12-16	2021-06-01	J15454-2021	浙江省住房和城乡建设厅
343	DB33/T 1226-2020	机喷抹灰砂浆应用技术规程		2020-12-14	2021-06-01	J15455-2021	浙江省住房和城乡建设厅
344	DB33/T 1227-2020	人民防空专业队工程设计标准		2020-12-23	2021-06-01	J15492-2021	浙江省住房和城乡建设厅 浙江省人民防空办公室
345	DB33/T 1228-2020	建筑地面工程施工质量验收检查用表标准		2020-12-25	2021-04-01	J15571-2021	浙江省住房和城乡建设厅
346	DB33/T 1229-2020	地下防水工程质量验收检查用表标准		2020-12-25	2021-04-01	J15572-2021	浙江省住房和城乡建设厅
347	DB33/T 1230-2020	金属面板保温装饰板外墙外保温系统应用技术规程		2020-12-25	2021-04-01	J15566-2021	浙江省住房和城乡建设厅
348	DB33/T 1231-2020	人防门安装技术规程		2020-12-28	2021-04-01	J15491-2021	浙江省住房和城乡建设厅
349	DB34/810-2020	叠合板式混凝土剪力墙结构技术规程	DB34/810-2008	2020-06-22	2020-07-22	J11235-2020	安徽省市场监督管理局
350	DB34/917-2020	住宅区和住宅建筑通信设施技术标准	DB34/917-2009	2020-08-03	2021-02-03	J11370-2020	安徽省市场监督管理局
351	DB34/T 1589-2020	民用建筑外门窗工程技术标准	DB34/T 1589-2012	2020-06-22	2020-07-22	J12076-2020	安徽省市场监督管理局

序号	标准编号	标准名称	替代标准号	批准日期	施行日期	备案号	批准部门
352	DB34/T 1859－2020	岩棉薄抹灰外墙外保温系统应用技术规程	DB34/T 1859－2013	2020－08－03	2021－02－03	J12347－2020	安徽省市场监督管理局
353	DB34/T 3587－2020	城镇排水管道检测与修复技术规程			2020－07－22	2020－07－22	J15218－2020	安徽省市场监督管理局
354	DB34/T 3588－2020	桥梁波形钢腹板预应力混凝土箱梁施工技术规程		2020－06－22	2020－07－22	J15219－2020	安徽省市场监督管理局
355	DB34/T 3693－2020	建设工程人工材料机械设备数据标准		2020－08－03	2021－02－03	J15286－2020	安徽省质量监督管理局
356	DB34/T 3694－2020	建设工程造价电子数据交换标准		2020－08－03	2021－02－03	J15287－2020	安徽省质量监督管理局
357	DB34/T 3750－2020	综合管廊运维数据规程		2020－11－27	2021－05－27	J15459－2021	安徽省市场监督管理局
358	DB34/T 3751－2020	钢结构制造数字化模型信息交换标准		2020－11－27	2021－05－27	J15460－2021	安徽省市场监督管理局
359	DB34/T 3752－2020	既有建筑幕墙安全性鉴定技术规程		2020－11－27	2021－05－27	J15461－2021	安徽省市场监督管理局
360	DB34/T 3753－2020	绿色建筑工程项目管理规范		2020－11－27	2021－05－27	J15462－2021	安徽省市场监督管理局
361	DB34/T 5008－2020	工程建设场地地震性能评价标准	DB34/5008－2014	2020－08－03	2021－02－03	J12794－2020	安徽省市场监督管理局
362	DBJ/T 13－51－2020	钢管混凝土结构技术规程	DBJ/T 13－51－2010	2020－08－07	2020－11－01	J10279－2020	福建省住房和城乡建设厅
363	DBJ/T 13－157－2020	建筑太阳能光伏系统应用技术规程	DBJ/T 13－157－2012	2020－08－07	2020－11－01	J15317－2020	福建省住房和城乡建设厅
364	DBJ/T 13－181－2020	高大模板工程扣件式钢管支架安全技术标准	DBJ/T 13－181－2013	2020－12－31	2021－03－10	J12529－2021	福建省住房和城乡建设厅
365	DBJ/T 13－201－2020	住宅全装修工程技术标准	DBJ/T 13－201－2014	2020－12－31	2020－03－10	J12846－2021	福建省住房和城乡建设厅
366	DBJ/T 13－247－2020	灌注桩后注浆技术标准	DBJ/T 13－247－2016	2020－12－31	2020－03－10	J13570－2021	福建省住房和城乡建设厅

续表

序号	标准编号	标准名称	替代标准号	批准日期	施行日期	备案号	批准部门
367	DBJ/T 13-321-2019	海峡两岸绿色建筑评价标准		2020-01-05	2020-03-01	J15041-2020	福建省住房和城乡建设厅
368	DBJ/T 13-325-2019	无障碍设施施工质量验收规程		2020-01-05	2020-03-01	J15042-2020	福建省住房和城乡建设厅
369	DBJ/T 13-326-2020	住宅厨房和卫生间排气道系统应用技术规程		2020-04-07	2020-06-01	J15183-2020	福建省住房和城乡建设厅
370	DBJ/T 13-327-2020	福建省呼吸道传染病应急医院建设技术标准		2020-04-30	2020-07-01	J15173-2020	福建省住房和城乡建设厅
371	DBJ/T 13-328-2020	建筑施工键槽式钢管支架安全技术规程		2020-08-07	2020-11-01	J15318-2020	福建省住房和城乡建设厅
372	DBJ/T 13-329-2020	基于BIM岩土工程技术规程		2020-08-07	2020-11-01	J15319-2020	福建省住房和城乡建设厅
373	DBJ/T 13-330-2020	基于BIM岩土工程勘察技术规程		2020-08-07	2020-11-01	J15320-2020	福建省住房和城乡建设厅
374	DBJ/T 13-331-2020	建筑装修用接缝胶应用技术规程		2020-08-07	2020-11-01	J15321-2020	福建省住房和城乡建设厅
375	DBJ/T 13-332-2020	民用建筑室内装饰装修工程污染控制技术规程		2020-08-07	2020-11-01	J15322-2020	福建省住房和城乡建设厅
376	DBJ/T 13-333-2020	环氧树脂涂层钢筋应用技术规程		2020-08-07	2020-11-01	J15323-2020	福建省住房和城乡建设厅
377	DBJ/T 13-334-2020	沥青路面再生应用技术规程		2020-08-07	2020-11-01	J15324-2020	福建省住房和城乡建设厅
378	DBJ/T 13-335-2020	城市轨道交通施工工程监理规程		2020-08-07	2020-11-01	J15325-2020	福建省住房和城乡建设厅
379	DBJ/T 13-336-2020	城市轨道交通运营结构安全监测技术规程		2020-08-07	2020-11-01	J15326-2020	福建省住房和城乡建设厅
380	DBJ/T 13-338-2020	建设工程施工现场远程视频监控系统建设应用标准		2020-08-07	2020-11-01	J15289-2020	福建省住房和城乡建设厅
381	DBJ/T 13-339-2020	夜景照明集中控制平台工程技术规程		2020-08-07	2020-11-01	J15327-2020	福建省住房和城乡建设厅

续表

序号	标准编号	标准名称	替代标准号	批准日期	施行日期	备案号	批准部门
382	DBJ/T 13-340-2020	建筑工程逆作法技术规程		2020-08-07	2020-11-01	J15328-2020	福建省住房和城乡建设厅
383	DBJ/T 13-342-2020	耐蚀钢筋混凝土结构应用标准		2020-12-31	2020-03-10	J15549-2021	福建省住房和城乡建设厅
384	DBJ/T 13-343-2020	装配式建筑围护墙体结构技术标准		2020-12-31	2020-03-10	J15550-2021	福建省住房和城乡建设厅
385	DBJ/T 13-344-2020	建筑栏杆检验评定技术标准		2020-12-31	2020-03-10	J15551-2021	福建省住房和城乡建设厅
386	DBJ/T 13-345-2020	城镇供水设施建设与改造技术标准		2020-12-31	2020-03-10	J15552-2021	福建省住房和城乡建设厅
387	DBJ/T 13-346-2020	住宅建筑生活供水泵房技术标准		2020-12-31	2020-03-10	J15553-2021	福建省住房和城乡建设厅
388	DBJ/T 13-347-2020	岩溶地区灌注桩技术标准		2020-12-31	2020-03-10	J15554-2021	福建省住房和城乡建设厅
389	DBJ/T 13-349-2020	混凝土结构工程后张预应力施工技术标准		2020-12-31	2020-03-10	J11158-2021	福建省住房和城乡建设厅
390	DBJ/T 13-350-2020	透水性地层岩化法防渗堵漏处理技术标准		2020-12-31	2021-09-01	J15555-2021	福建省住房和城乡建设厅
391	DBJ/T 13-351-2020	多彩反射隔热建筑涂料应用技术标准		2020-12-31	2021-09-01	J15556-2021	福建省住房和城乡建设厅
392	DBJ/T 36-029-2020	江西省绿色建筑评价标准	DBJ/T 36-029-2016	2020-08-10	2021-01-01	J11591-2020	江西省住房和城乡建设厅
393	DBJ/T 36-055-2019	旋挖成孔灌注桩施工技术标准		2020-01-17	2020-03-01	J15010-2020	江西省住房和城乡建设厅
394	DBJ/T 36-056-2019	江西省退役军人服务保障设施建设标准		2020-02-25	2020-04-01	J15033-2020	江西省住房和城乡建设厅
395	DBJ/T 36-058-2020	消防设施物联网系统设计施工验收标准		2020-10-21	2021-01-01	J15395-2020	江西省住房和城乡建设厅
396	DBJ/T 36-059-2020	江西省既有多层住宅加装电梯工程技术标准		2020-12-25	2021-02-01	J15473-2021	江西省住房和城乡建设厅

续表

序号	标准编号	标准名称	替代标准号	批准日期	施行日期	备案号	批准部门
397	DB37/T 5156－2020	既有居住建筑住宅电梯加装附属建筑工程技术标准		2020－03－17	2020－07－01	J15123－2020	山东省住房和城乡建设厅、山东省市场监督管理局
398	DB37/T 5157－2020	住宅工程质量常见问题防控技术标准		2020－03－17	2020－05－01	J15124－2020	山东省住房和城乡建设厅、山东省市场监督管理局
399	DB37/T 5158－2020	地螺丝微型钢管桩技术规程		2020－03－17	2020－07－01	J15125－2020	山东省住房和城乡建设厅、山东省市场监督管理局
400	DB37/T 5159－2020	预拌泡沫混凝土应用技术规程		2020－03－17	2020－07－01	J15126－2020	山东省住房和城乡建设厅、山东省市场监督管理局
401	DB37/T 5160－2020	城市轨道交通工程安全资料管理标准		2020－04－30	2020－08－01	J15175－2020	山东省住房和城乡建设厅、山东省市场监督管理局
402	DB37/T 5161－2020	建设工程造价数据交换及应用标准		2020－04－30	2020－08－01	J15176－2020	山东省住房和城乡建设厅、山东省市场监督管理局
403	DB37/T 5162－2020	装配式混凝土结构钢筋套筒灌浆连接应用技术规程		2020－04－30	2020－08－01	J15177－2020	山东省住房和城乡建设厅、山东省市场监督管理局
404	DB37/T 5163－2020	城市轨道交通工程沿线既有建（构）筑物鉴定评估技术规程		2020－04－28	2020－08－01	J15178－2020	山东省住房和城乡建设厅、山东省市场监督管理局
405	DB37/T 5164－2020	建筑施工现场管理标准	DBJ 14－033－2005	2020－06－28	2020－10－01	J10560－2020	山东省住房和城乡建设厅、山东省市场监督管理局
406	DB37/T 5165－2020	水泥聚苯模壳装配式建筑技术规程		2020－06－28	2020－10－01	J15242－2020	山东省住房和城乡建设厅、山东省市场监督管理局
407	DB37/T 5166－2020	智能建筑工程质量检测及验收标准		2020－06－28	2020－10－01	J15243－2020	山东省住房和城乡建设厅、山东省市场监督管理局
408	DB37/T 5167－2020	城市道路工程设计标准		2020－06－28	2020－10－01	J15244－2020	山东省住房和城乡建设厅、山东省市场监督管理局

续表

序号	标准编号	标准名称	替代标准号	批准日期	施行日期	备案号	批准部门
409	DB37/T 5168-2020	焊接箍筋及钢筋锚锚技术规程		2020-10-15	2020-12-01	J15413-2020	山东省住房和城乡建设厅 山东省市场监督管理局
410	DB37/T 5169-2020	印痕法检测建筑钢材强度技术规程		2020-10-15	2020-12-01	J15414-2020	山东省住房和城乡建设厅 山东省市场监督管理局
411	DB37/T 5170-2020	动能回弹法检测混凝土抗压强度技术规程		2020-10-15	2020-12-01	J15415-2020	山东省住房和城乡建设厅 山东省市场监督管理局
412	DB37/T 5171-2020	拉应力法检测混凝土抗压强度技术规程		2020-10-15	2020-12-01	J15416-2020	山东省住房和城乡建设厅 山东省市场监督管理局
413	DB37/T 5172-2020	钢筋混凝土综合管廊工程施工质量验收规程	DBJ 14-089-2012	2020-10-15	2020-12-01	J12139-2020	山东省住房和城乡建设厅 山东省市场监督管理局
414	DBJ41/T 109-2020	河南省绿色建筑评价标准	DBJ41/T 109-2015	2020-06-16	2020-07-01	J11960-2020	河南省住房和城乡建设厅
415	DBJ41/T 179-2020	民用建筑电动汽车充电设施配套建设技术标准	DBJ41/T 179-2017	2020-01-08	2020-03-01	J15122-2020	河南省住房和城乡建设厅
416	DBJ41/T 184-2020	河南省居住建筑节能设计标准（寒冷地区75%）	DBJ41/T 184-2017	2020-04-24	2020-07-01	J14023-2020	河南省住房和城乡建设厅
417	DBJ41/T 229-2020	建筑塔式起重机检验检测标准		2020-01-08	2020-03-01	J15202-2020	河南省住房和城乡建设厅
418	DBJ41/T 230-2020	复阻抗法土体密湿度现场检测标准		2020-04-27	2020-07-01	J15207-2020	河南省住房和城乡建设厅
419	DBJ41/T 231-2020	机制砂混凝土生产与应用技术标准		2020-07-01	2020-08-01	J15232-2020	河南省住房和城乡建设厅
420	DBJ41/T 232-2020	混凝土用机制砂质量及检验方法标准		2020-07-02	2020-08-01	J15233-2020	河南省住房和城乡建设厅
421	DBJ41/T 233-2020	城镇道路地下病害体探测技术标准		2020-07-20	2020-09-01	J15263-2020	河南省住房和城乡建设厅

续表

序号	标准编号	标准名称	替代标准号	批准日期	施行日期	备案号	批准部门
422	DBJ41/T 234－2020	装配整体式叠合剪力墙结构技术标准		2020－07－20	2020－09－01	J15264－2020	河南省住房和城乡建设厅
423	DBJ41/T 235－2020	城市轨道交通信息模型应用标准		2020－09－10	2020－12－01	J15375－2020	河南省住房和城乡建设厅
424	DBJ41/T 236－2020	高延性混凝土农房加固技术标准		2020－11－13	2020－12－01	J15419－2020	河南省住房和城乡建设厅
425	DB42/T 535－2020	建筑施工现场安全防护设施技术规程	DB42/535－2009	2020－04－20	2020－05－02	J11315－2020	湖北省住房和城乡建设厅、湖北省市场监督管理局
426	DB42/T 685－2020	湖北省建设项目交通影响评价技术规范	DB42/T 685－2011	2020－12－04	2020－12－22	J15674－2021	湖北省住房和城乡建设厅、湖北省市场监督管理局
427	DB42/T 1532－2019	旋挖成孔灌注桩施工安全技术规程		2020－04－20	2020－03－19	J15152－2020	湖北省住房和城乡建设厅、湖北省市场监督管理局
428	DB42/T 1541－2020	建筑物移动通信基础设施建设标准		2020－04－20	2020－05－01	J15154－2020	湖北省住房和城乡建设厅、湖北省市场监督管理局
429	DB42/T 1543－2020	湖北省城镇地下管线成果归档标准		2020－04－20	2020－05－01	J15155－2020	湖北省住房和城乡建设厅、湖北省市场监督管理局
430	DB42/T 1554－2020	智慧社区工程设计与验收规范		2020－11－18	2020－12－02	J15677－2021	湖北省住房和城乡建设厅、湖北省市场监督管理局
431	DB42/T 1563－2020	植物园环境教育评价规范		2020－12－04	2020－12－30	J15959－2021	湖北省住房和城乡建设厅、湖北省市场监督管理局
432	DB42/T 1564－2020	植物专类园设计规范		2020－12－04	2020－12－30	J15675－2021	湖北省住房和城乡建设厅、湖北省市场监督管理局
433	DB42/T 1570－2020	智慧社区 智慧家庭设备设施编码规则		2020－11－18	2020－12－02	J15676－2021	湖北省住房和城乡建设厅、湖北省市场监督管理局
434	DB42/T 1604－2020	城市综合管廊结构安全自动监测设计规程		2020－12－04	2021－04－04	J15560－2021	湖北省住房和城乡建设厅、湖北省市场监督管理局

续表

序号	标准编号	标准名称	替代标准号	批准日期	施行日期	备案号	批准部门
435	DBJ43/T 010－2020	湖南省建筑信息模型审查系统技术标准		2020－03－23	2020－09－01	J15271－2020	湖南省住房和城乡建设厅
436	DBJ43/T 011－2020	湖南省建筑信息模型审查系统模型交付标准		2020－03－23	2020－09－01	J15272－2020	湖南省住房和城乡建设厅
437	DBJ43/T 012－2020	湖南省建筑信息模型审查系统数字化交付数据标准		2020－03－23	2020－09－01	J15273－2020	湖南省住房和城乡建设厅
438	DBJ43/T 013－2020	湖南省多功能灯杆技术标准		2020－07－29	2020－12－01	J15301－2020	湖南省住房和城乡建设厅
439	DBJ43/T 014－2020	湖南省车库建筑设计标准		2020－08－24	2021－01－01	J15305－2020	湖南省住房和城乡建设厅
440	DBJ43/T 015－2020	湖南省住宅全装修设计标准		2020－12－24	2021－05－01	J15524－2021	湖南省住房和城乡建设厅
441	DBJ43/T 016－2020	湖南省电动汽车充电设施设计标准		2020－12－29	2021－05－01	J15526－2021	湖南省住房和城乡建设厅
442	DBJ43/T 103－2020	装配式混凝土建筑施工安全技术标准		2020－12－24	2021－05－01	J15523－2021	湖南省住房和城乡建设厅
443	DBJ43/T 353－2020	湖南省城镇二次供水设施技术标准	DBJ43/002－2009	2020－06－20	2020－11－01	J11499－2020	湖南省住房和城乡建设厅
444	DBJ43/T 354－2020	湖南省膨胀玻化微珠保温装饰板外墙外保温系统应用技术标准		2020－06－20	2020－11－01	J15203－2020	湖南省住房和城乡建设厅
445	DBJ43/T 355－2020	湖南省既有建筑绿色改造技术标准		2020－06－20	2020－11－01	J15204－2020	湖南省住房和城乡建设厅
446	DBJ43/T 356－2020	绿化草坪建植与养护管理技术规程		2020－07－29	2020－12－01	J15299－2020	湖南省住房和城乡建设厅
447	DBJ43/T 357－2020	湖南省绿色建筑评价标准	DBJ43/T 314－2015	2020－07－29	2020－12－01	J11737－2020	湖南省住房和城乡建设厅
448	DBJ43/T 358－2020	湖南省智能建筑评价标准		2020－07－29	2020－12－01	J15300－2020	湖南省住房和城乡建设厅

续表

序号	标准编号	标准名称	替代标准号	批准日期	施行日期	备案号	批准部门
449	DBJ43/T 359－2020	湖南省社会足球场地设施建设技术标准		2020－08－28	2020－12－01	J15302－2020	湖南省住房和城乡建设厅、湖南省发展和改革委员会、湖南省体育局
450	DBJ43/T 360－2020	湖南省地下工程混凝土结构自防水技术标准		2020－08－24	2021－01－01	J15303－2020	湖南省住房和城乡建设厅
451	DBJ43/T 361－2020	湖南省装配式混凝土砌块路面工程技术标准		2020－10－12	2021－03－01	J15373－2020	湖南省住房和城乡建设厅
452	DBJ43/T 362－2020	湖南省住宅建筑室内装配式装修工程技术标准		2020－11－21	2021－04－01	J15476－2021	湖南省住房和城乡建设厅
453	DBJ43/T 363－2020	带暗柱的装配式混凝土剪力墙结构技术规程		2020－11－21	2021－04－01	J15478－2021	湖南省住房和城乡建设厅
454	DBJ43/T 364－2020	周边叠合变阶预制混凝土板技术规程		2020－11－21	2021－04－01	J15479－2021	湖南省住房和城乡建设厅
455	DBJ43/T 365－2020	单元式预制装配混凝土框架结构技术规程		2020－11－21	2021－04－01	J15480－2021	湖南省住房和城乡建设厅
456	DBJ43/T 366－2020	湖南省太阳能热水系统工程技术标准		2020－12－24	2021－05－01	J15522－2021	湖南省住房和城乡建设厅
457	DBJ43/T 367－2020	湖南省居民住宅小区供配电设施建设技术标准		2020－12－29	2021－05－01	J15525－2021	湖南省住房和城乡建设厅
458	DBJ43/T 368－2020	湖南省地源热泵系统工程技术标准		2020－12－29	2021－05－01	J15527－2021	湖南省住房和城乡建设厅
459	DBJ43/T 369－2020	湖南省地表水水源热泵系统工程技术标准		2020－12－29	2021－05－01	J15528－2021	湖南省住房和城乡建设厅

续表

序号	标准编号	标准名称	替代标准号	批准日期	施行日期	备案号	批准部门
460	DBJ43/T 508-2019	湖南省分体式房间空调器室外机设置技术标准		2020-01-15	2020-07-01	J15062-2020	湖南省住房和城乡建设厅
461	DBJ43/T 509-2019	湖南省城市居住区基本服务设施配备标准		2020-01-15	2020-07-01	J15063-2020	湖南省住房和城乡建设厅
462	DBJ43/T 510-2020	湖南省城市综合地下管线数据建库与共享交换技术规程		2020-01-21	2020-08-01	J15064-2020	湖南省住房和城乡建设厅
463	DBJ43/T 511-2020	湖南省建筑工程施工现场安全生产管理标准		2020-08-24	2021-01-01	J15304-2020	湖南省住房和城乡建设厅
464	DBJ43/T 512-2020	岩土工程勘察标准		2020-08-24	2021-01-01	J15306-2020	湖南省住房和城乡建设厅
465	DBJ43/T 513-2020	湖南省房屋结构综合安全性鉴定标准		2020-08-24	2021-01-01	J15307-2020	湖南省住房和城乡建设厅
466	DBJ43/T 514-2020	湖南省城镇市政污泥运输和处置标准		2020-10-12	2021-03-01	J15369-2020	湖南省住房和城乡建设厅
467	DBJ43/T 515-2020	湖南省建筑渣土处理技术标准		2020-10-12	2021-03-01	J15370-2020	湖南省住房和城乡建设厅
468	DBJ43/T 516-2020	湖南省建筑垃圾源头控制及处理技术规程		2020-10-12	2021-03-01	J15371-2020	湖南省住房和城乡建设厅
469	DBJ43/T 517-2020	湖南省农村生活垃圾处理技术标准		2020-10-12	2021-03-01	J15372-2020	湖南省住房和城乡建设厅
470	DBJ43/T 518-2020	湖南省装配式建筑部品部件分类编码标准		2020-11-21	2021-04-01	J15849-2021	湖南省住房和城乡建设厅
471	DBJ43/T 519-2020	湖南省装配式建筑信息模型交付标准		2020-11-21	2021-04-01	J15477-2021	湖南省住房和城乡建设厅
472	DBJ/T 15-19-2020	建筑防水工程技术规程	DBJ 15-19-2006	2020-04-29	2020-09-01	J10899-2020	广东省住房和城乡建设厅

续表

序号	标准编号	标准名称	替代标准号	批准日期	施行日期	备案号	批准部门
473	DBJ 15-51-2020	广东省公共建筑节能设计标准	DBJ 15-51-2007	2020-09-28	2021-02-01	J10999-2020	广东省住房和城乡建设厅
474	DBJ/T 15-176-2020	铝塑模板技术规范		2020-01-14	2020-04-01	J15005-2020	广东省住房和城乡建设厅
475	DBJ/T 15-177-2020	装配式钢结构建筑技术规程		2020-01-14	2020-04-01	J15006-2020	广东省住房和城乡建设厅
476	DBJ/T 15-178-2020	既有建筑改造技术管理规范		2020-01-14	2020-04-01	J15007-2020	广东省住房和城乡建设厅
477	DBJ/T 15-179-2020	薄浆干砌及薄层抹灰自保温墙体技术规程		2020-01-14	2020-04-01	J15008-2020	广东省住房和城乡建设厅
478	DBJ/T 15-180-2020	轻质混凝土墙体应用技术规程		2020-03-12	2020-06-01	J15078-2020	广东省住房和城乡建设厅
479	DBJ/T 15-181-2020	蒸压加气混凝土板应用技术规程		2020-03-12	2020-06-01	J15079-2020	广东省住房和城乡建设厅
480	DBJ/T 15-182-2020	既有建筑混凝土结构改造设计规范		2020-03-12	2020-06-01	J15080-2020	广东省住房和城乡建设厅
481	DBJ/T 15-183-2020	城市景观湖泊水生态修复及运维技术规程		2020-03-12	2020-06-01	J15081-2020	广东省住房和城乡建设厅
482	DBJ/T 15-184-2020	小城镇污水处理设施运行与维护技术规程		2020-03-12	2020-06-01	J15082-2020	广东省住房和城乡建设厅
483	DBJ/T 15-185-2020	基坑工程自动化监测技术规范		2020-03-20	2020-06-01	J15110-2020	广东省住房和城乡建设厅
484	DBJ/T 15-186-2020	高强混凝土强度回弹法检测技术规程		2020-03-20	2020-06-01	J15109-2020	广东省住房和城乡建设厅
485	DBJ/T 15-187-2020	有轨电车交通工程设施设计规范		2020-03-23	2020-06-01	J15111-2020	广东省住房和城乡建设厅
486	DBJ/T 15-188-2020	城市综合管廊工程技术规范		2020-03-30	2020-06-01	J15134-2020	广东省住房和城乡建设厅
487	DBJ/T 15-189-2020	广东省公共厕所设计标准		2020-06-30	2020-10-01	J15209-2020	广东省住房和城乡建设厅
488	DBJ/T 15-190-2020	广东省建筑物移动通信基础设施技术规范		2020-06-30	2020-09-01	J15210-2020	广东省住房和城乡建设厅
489	DBJ/T 15-191-2020	既有建筑地基基础检测鉴定技术规范		2020-07-04	2020-10-01	J15227-2020	广东省住房和城乡建设厅

续表

序号	标准编号	标准名称	替代标准号	批准日期	施行日期	备案号	批准部门
490	DBJ/T 15-192-2020	平板动力载荷试验技术标准		2020-07-25	2020-11-01	J15276-2020	广东省住房和城乡建设厅
491	DBJ/T 15-193-2020	城市道路隧道运营安全风险评估技术规范		2020-09-01	2020-12-01	J15312-2020	广东省住房和城乡建设厅
492	DBJ/T 15-194-2020	广东省历史建筑数字化技术规范		2020-09-02	2020-12-01	J15314-2020	广东省住房和城乡建设厅
493	DBJ/T 15-195-2020	广东省历史建筑数字化成果标准		2020-09-02	2020-12-01	J15315-2020	广东省住房和城乡建设厅
494	DBJ/T 15-196-2020	城市轨道交通智能化系统工程质量检测规程		2020-09-01	2020-12-01	J15313-2020	广东省住房和城乡建设厅
495	DBJ/T 15-197-2020	高大模板支撑系统实时安全监测技术规范		2020-09-28	2020-12-01	J15367-2020	广东省住房和城乡建设厅
496	DBJ/T 15-198-2020	城镇排水管网动态监测技术规程		2020-10-17	2020-12-01	J15397-2020	广东省住房和城乡建设厅
497	DBJ/T 15-199-2020	装配式混凝土结构检测技术标准		2020-09-28	2020-12-01	J15368-2020	广东省住房和城乡建设厅
498	DBJ/T 15-200-2020	宜居社区建设评价标准		2020-09-30	2020-12-01	J15361-2020	广东省住房和城乡建设厅
499	DBJ/T 15-201-2020	广东省绿色建筑设计规范		2020-10-23	2021-01-01	J15396-2020	广东省住房和城乡建设厅
500	DBJ/T 15-202-2020	城镇地下污水处理设施通风与臭气处理技术标准		2020-12-28	2021-03-01	J15520-2021	广东省住房和城乡建设厅
501	DBJ/T 15-203-2020	笼模装配整体式混凝土结构技术规程		2020-12-02	2021-02-01	J15442-2020	广东省住房和城乡建设厅
502	DBJ/T 15-204-2020	聚羧酸减水剂应用技术规程		2020-12-02	2021-02-01	J15143-2020	广东省住房和城乡建设厅
503	DBJ/T 15-205-2020	轨道交通运营隧道结构安全评估技术规范		2020-12-02	2021-02-01	J15144-2020	广东省住房和城乡建设厅
504	DBJ/T 15-206-2020	广东省农村生活污水处理设施建设技术规程		2020-12-15	2021-03-01	J15456-2021	广东省住房和城乡建设厅
505	DBJ/T 15-207-2020	广东省农村生活污水处理设施运营维护与评价标准		2020-12-15	2021-03-01	J15457-2021	广东省住房和城乡建设厅

续表

序号	标准编号	标准名称	替代标准号	批准日期	施行日期	备案号	批准部门
506	DBJ/T 15-208-2020	建筑室内装配式轻质隔墙技术规程		2020-12-10	2021-02-01	J15458-2021	广东省住房和城乡建设厅
507	DBJ/T 45-026-2020	居住区绿地设计规范		2020-12-10	2021-03-01	J13560-2021	广西壮族自治区住房和城乡建设厅
508	DBJ/T 45-098-2020	岩溶地区工程物探技术规范		2020-03-11	2020-06-01	J15105-2020	广西壮族自治区住房和城乡建设厅
509	DBJ/T 45-099-2020	城镇道路沥青路面施工技术规范		2020-04-02	2020-07-01	J15196-2020	广西壮族自治区住房和城乡建设厅
510	DBJ/T 45-100-2020	磁测井法测试既有基桩钢筋笼长度技术规程		2020-05-15	2020-08-01	J15220-2020	广西壮族自治区住房和城乡建设厅
511	DBJ/T 45-101-2020	纤维增强复合保温板外墙保温系统应用技术规程		2020-05-15	2020-08-01	J15221-2020	广西壮族自治区住房和城乡建设厅
512	DBJ/T 45-102-2020	城市地理信息数据标准		2020-07-23	2020-11-01	J15341-2020	广西壮族自治区住房和城乡建设厅
513	DBJ/T 45-103-2020	城市地下管线数据建库标准		2020-07-23	2020-11-01	J15342-2020	广西壮族自治区住房和城乡建设厅
514	DBJ/T 45-104-2020	绿色建筑评价标准	DBJ/T 45-020-2016	2020-08-04	2020-11-01	J11388-2020	广西壮族自治区住房和城乡建设厅
515	DBJ/T 45-105-2020	建筑电气线路绝缘电阻、接地电阻检测技术规程		2020-08-08	2020-11-01	J15266-2020	广西壮族自治区住房和城乡建设厅
516	DBJ/T 45-106-2020	现浇泡沫轻质土应用技术规程		2020-08-12	2020-11-01	J15343-2020	广西壮族自治区住房和城乡建设厅
517	DBJ/T 45-107-2020	再生骨料混凝土应用技术规程		2020-09-02	2020-12-01	J15531-2021	广西壮族自治区住房和城乡建设厅

续表

序号	标准编号	标准名称	替代标准号	批准日期	施行日期	备案号	批准部门
518	DBJ/T 45－109－2020	锚杆(索)检测技术规程		2020－09－15	2020－12－01	J15532－2021	广西壮族自治区住房和城乡建设厅
519	DBJ/T 45－110－2020	植入法预制桩技术规程		2020－09－15	2020－12－01	J15533－2021	广西壮族自治区住房和城乡建设厅
520	DBJ/T 45－111－2020	市政桥梁后张法有粘结预应力施工质量检测技术规程		2020－10－13	2021－01－01	J15538－2021	广西壮族自治区住房和城乡建设厅
521	DBJ/T 45－112－2020	强夯地基处理技术规程		2020－10－13	2021－01－01	J15539－2021	广西壮族自治区住房和城乡建设厅
522	DBJ/T 45－113－2020	海绵城市园林景观工程设计文件编制深度标准		2020－12－10	2021－03－01	J15573－2021	广西壮族自治区住房和城乡建设厅
523	DBJ/T 45－114－2020	地下连续墙施工质量验收规程		2020－11－28	2021－02－01	J15540－2021	广西壮族自治区住房和城乡建设厅
524	DBJ46－010－2020	海南省建设工程"绿岛杯"奖评选标准	DBJ46－10－2012	2020－01－22	2020－07－01	J12128－2020	海南省住房和城乡建设厅
525	DBJ46－036－2020	海南省新建住宅小区供配电设施建设技术标准	DBJ46－036－2015	2020－06－12	2020－07－01	J13231－2020	海南省住房和城乡建设厅
526	DBJ46－052－2019	海南省地下综合管廊建设及运行维护技术标准		2020－01－03	2020－04－01	J15032－2020	海南省住房和城乡建设厅
527	DBJ46－053－2020	海南省市政设施养护技术标准	DBJ 46－029－2014、DBJ 46－032－2015、DBJ 46－033－2015、DBJ 46－034－2015	2020－03－09	2020－07－01	J15069－2020	海南省住房和城乡建设厅
528	DBJ46－054－2020	海南省农村管道燃气工程建设及运行管理标准		2020－12－25	2021－02－01	J15463－2021	海南省住房和城乡建设厅

续表

序号	标准编号	标准名称	替代标准号	批准日期	施行日期	备案号	批准部门
529	DBJ46－055－2020	海南省建筑垃圾资源化利用技术标准		2020－12－26	2021－03－01	J15464－2021	海南省住房和城乡建设厅
530	DBJ46－056－2020	海南省生活垃圾转运及处理设施运行监管标准	DBJ 19－2011, DBJ 21－2012, DBJ 22－2012	2020－12－26	2021－01－01	J15465－2021	海南省住房和城乡建设厅
531	DBJ46－057－2020	海南省建筑钢结构防腐技术标准		2020－12－30	2021－03－01	J15466－2021	海南省住房和城乡建设厅
532	DB51/5016－2020	四川省城市园林绿化施工技术标准	DB51/5016－98	2020－09－23	2021－01－01	J15380－2020	四川省住房和城乡建设厅
533	DB51/T 5058－2020	四川省抗震设防超限高层民用建筑工程界定标准	DB51/T 5058－2014	2020－09－23	2021－01－01	J12804－2020	四川省住房和城乡建设厅
534	DBJ51/T 033－2020	四川省既有建筑增设电梯工程技术标准	DB51/T 0333－2014	2020－09－23	2021－01－01	J12879－2020	四川省住房和城乡建设厅
535	DBJ51/T 133－2020	四川省城市轨道交通工程整体预制简支箱梁施工技术标准	—	2020－01－10	2020－04－01	J15068－2020	四川省住房和城乡建设厅
536	DBJ51/T 134－2020	四川省城镇污水处理厂运行管理标准		2020－01－10	2020－04－01	J15071－2020	四川省住房和城乡建设厅
537	DBJ51/T 135－2020	四川省混凝土结构居住建筑装配式装修工程技术标准		2020－01－10	2020－04－01	J15072－2020	四川省住房和城乡建设厅
538	DBJ51/T 136－2020	四川省房屋建筑和市政基础设施建设工程质量监督标准		2020－01－10	2020－04－01	J15076－2020	四川省住房和城乡建设厅
539	DBJ51/T 137－2020	四川省塔式起重机装配式基础技术标准		2020－01－10	2020－04－01	J15073－2020	四川省住房和城乡建设厅
540	DBJ51/T 138－2020	四川省城镇节段预制超高性能混凝土梁桥技术标准		2020－01－10	2020－04－01	J15074－2020	四川省住房和城乡建设厅

续表

序号	标准编号	标准名称	替代标准号	批准日期	施行日期	备案号	批准部门
541	DBJ51/T 139-2020	四川省玻璃幕墙工程技术标准		2020-01-10	2020-04-01	J15075-2020	四川省住房和城乡建设厅
542	DBJ51/T 140-2020	四川省不透水土层地下室排水卸压抗浮技术标准		2020-01-10	2020-04-01	J15077-2020	四川省住房和城乡建设厅
543	DBJ51/T 142-2020	四川省城市轨道交通桥梁减隔震支座应用技术标准		2020-03-16	2020-06-01	J15159-2020	四川省住房和城乡建设厅
544	DBJ51/T 144-2020	四川省建筑与桥梁结构监测实施与验收标准		2020-07-03	2020-11-01	J15253-2020	四川省住房和城乡建设厅
545	DBJ51/T 145-2020	四川省现浇混凝土钢丝网架免拆模板保温系统技术标准		2020-07-03	2020-11-01	J15254-2020	四川省住房和城乡建设厅
546	DBJ51/T 146-2020	胶轮有轨电车交通系统设计标准		2020-07-03	2020-11-01	J15255-2020	四川省住房和城乡建设厅
547	DBJ51/T 147-2020	胶轮有轨电车交通系统施工及验收标准		2020-07-03	2020-11-01	J15256-2020	四川省住房和城乡建设厅
548	DBJ51/T 148-2020	四川省城市轨道交通矿山法隧道施工技术标准		2020-07-03	2020-11-01	J15257-2020	四川省住房和城乡建设厅
549	DBJ51/T 149-2020	四川省被动式超低能耗建筑技术标准		2020-07-03	2020-11-01	J15258-2020	四川省住房和城乡建设厅
550	DBJ51/T 150-2020	四川省不燃型聚苯颗粒复合板建筑保温工程技术标准		2020-09-23	2021-01-01	J15376-2020	四川省住房和城乡建设厅
551	DBJ51/T 151-2020	四川省海绵城市建设工程评价标准		2020-09-23	2021-01-01	J15377-2020	四川省住房和城乡建设厅
552	DBJ51/T 152-2020	四川省城镇道路排水沥青路面技术标准		2020-09-23	2021-01-01	J15378-2020	四川省住房和城乡建设厅
553	DBJ51/T 153-2020	四川省附着式脚手架安全技术标准		2020-09-23	2021-01-01	J15379-2020	四川省住房和城乡建设厅

续表

序号	标准编号	标准名称	替代标准号	批准日期	施行日期	备案号	批准部门
554	DBJ51/T 154-2020	四川省高速公路服务区设计与建设标准		2020-12-04	2021-03-01	J15508-2021	四川省住房和城乡建设厅
555	DBJ51/T 155-2020	富水砂卵石地层地铁区间隧道盾构法施工技术标准		2020-12-04	2021-03-01	J15509-2021	四川省住房和城乡建设厅
556	DBJ51/T 156-2020	四川省装配式轻质墙体技术标准		2020-12-04	2021-03-01	J15510-2021	四川省住房和城乡建设厅
557	DBJ51/157-2020	四川省建设工程自动驾驶施工升降机安装使用技术规程		2020-12-29	2021-06-01	J15445-2020	四川省住房和城乡建设厅
558	DBJ52/T 084-2020	贵州省绿色生态小区评价标准	DBJ52/T 084-2017	2020-05-09	2020-06-01	J13850-2020	贵州省住房和城乡建设厅
559	DBJ52/T 098-2020	贵州省城镇容貌标准		2020-02-07	2020-05-01	J15070-2020	贵州省住房和城乡建设厅
560	DBJ52/T 099-2020	贵州省城市轨道交通岩土工程勘察规范		2020-03-16	2020-05-01	J15208-2020	贵州省住房和城乡建设厅
561	DBJ52/T 100-2020	贵州省装配式建筑评价标准		2020-08-24	2020-10-01	J15316-2020	贵州省住房和城乡建设厅
562	DBJ52/T 101-2020	贵州省建筑信息模型技术应用标准		2020-12-31	2021-03-01	J15512-2020	贵州省住房和城乡建设厅
563	DBJ53/T-30-2020	变电站消防技术规程	DBJ53/T-30-2010	2020-09-18	2020-12-01	J15576-2021	云南省住房和城乡建设厅
564	DBJ53/T-39-2020	云南省民用建筑节能设计标准	DBJ53/T-39-2011	2020-05-28	2020-10-01	J11985-2021	云南省住房和城乡建设厅
565	DBJ53/T-47-2020	建筑工程叠层橡胶隔震支座性能要求和检验标准	DBJ53/T-47-2012	2020-07-02	2021-01-01	J13099-2021	云南省住房和城乡建设厅
566	DBJ53/T-48-2020	建筑工程叠层橡胶隔震支座施工及验收标准	DBJ53/T-48-2012	2020-07-02	2021-01-01	J13098-2021	云南省住房和城乡建设厅
567	DBJ53/T-100-2020	云南省工程建设材料及设备价格信息数据采集与应用标准		2020-03-12	2020-06-01	J15580-2021	云南省住房和城乡建设厅
568	DBJ53/T-101-2020	云南省公路工程回弹法检测混凝土抗压强度技术规程		2020-03-30	2020-05-01	J15581-2021	云南省住房和城乡建设厅

续表

序号	标准编号	标准名称	替代标准号	批准日期	施行日期	备案号	批准部门
569	DBJ53/T－102－2020	云南省公路工程超声回弹综合法检测混凝土抗压强度技术规程		2020－03－30	2020－05－01	J15582－2021	云南省住房和城乡建设厅
570	DBJ53/T－103－2020	云南省城市地下空间设施测绘及建库技术规程		2020－04－03	2020－07－01	J15583－2021	云南省住房和城乡建设厅
571	DBJ53/T－104－2020	云南省装配式钢结构建筑技术标准		2020－04－28	2020－09－01	J15584－2021	云南省住房和城乡建设厅
572	DBJ53/T－105－2020	云南省建设工程监理规程		2020－06－02	2020－10－01	J15585－2021	云南省住房和城乡建设厅
573	DBJ53/T－106－2020	桩身自反力平衡静载试验技术规程		2020－07－21	2020－12－01	J15586－2021	云南省住房和城乡建设厅
574	DBJ53/T－107－2020	云南省装配式混凝土构件制作与安装技术规程		2020－09－16	2021－01－01	J15587－2021	云南省住房和城乡建设厅
575	DBJ53/T－108－2020	既有建筑节能改造技术规程		2020－12－01	2021－03－01	J15588－2021	云南省住房和城乡建设厅
576	DBJ53/T－109－2020	云南省广告设施安全性检测与鉴定技术标准		2020－12－24	2021－05－01	J15589－2021	云南省住房和城乡建设厅
577	DBJ61/T 157－2020	新型热处理带肋高强钢筋混凝土结构技术规程	DBJ61/T 157－2019	2020－12－28	2021－01－31	J14698－2021	陕西省住房和城乡建设厅、陕西省市场监督管理局
578	DBJ61－164－2019	西安市居住建筑节能设计标准		2020－03－23	2020－05－01	J15144－2020	陕西省住房和城乡建设厅
579	DBJ61/T 165－2020	陕西省城镇综合管廊运行管理与维护技术规程		2020－03－23	2020－05－10	J15151－2020	陕西省住房和城乡建设厅
580	DBJ61/T 166－2020	中深层地热地埋管供热系统应用技术规程		2020－03－23	2020－05－10	J15150－2020	陕西省住房和城乡建设厅
581	DBJ61/T 167－2020	建筑物移动通信基础设施建设标准		2020－05－18	2020－06－20	J15187－2020	陕西省住房和城乡建设厅、陕西省市场监督管理局

续表

序号	标准编号	标准名称	替代标准号	批准日期	施行日期	备案号	批准部门
582	DBJ61/T 168-2020	装配式建筑评价标准		2020-07-14	2020-09-01	J15268-2020	陕西省住房和城乡建设厅
583	DBJ61/T 170-2020	建筑节能与结构一体化现浇混凝土内置保温复合墙系统技术规程		2020-07-14	2020-09-01	J15269-2020	陕西省住房和城乡建设厅
584	DBJ61/T 171-2020	低温辐射电热供暖系统应用技术规程		2020-07-14	2020-09-01	J15270-2020	陕西省住房和城乡建设厅
585	DBJ61/T 172-2020	居住区智能信报箱应用技术标准		2020-09-08	2020-09-20	J15308-2020	陕西省住房和城乡建设厅、陕西省市场监督管理局
586	DBJ61/T 173-2020	CRB600H高强钢筋应用技术规程		2020-09-08	2020-09-20	J15309-2020	陕西省住房和城乡建设厅、陕西省市场监督管理局
587	DBJ61/T 174-2020	村镇装配式承重复合墙结构居住建筑施工与质量验收规程		2020-09-08	2020-09-20	J15310-2020	陕西省住房和城乡建设厅、陕西省市场监督管理局
588	DBJ61/T 176-2020	多功能智慧灯杆工程建设技术规程		2020-10-21	2020-12-10	J15374-2020	陕西省住房和城乡建设厅
589	DBJ61/T 177-2020	城镇立体绿化技术规程		2020-12-28	2021-01-31	J15493-2021	陕西省住房和城乡建设厅、陕西省市场监督管理局
590	DB62/T 3055-2020	建筑抗震设计规程	DB62/25-3055-2011	2020-12-29	2021-05-01	J11982-2021	甘肃省住房和城乡建设厅、甘肃省市场监督管理局
591	DB62/T 3081-2020	绿色建材评价标准		2020-03-11	2020-06-01	J15132-2020	甘肃省住房和城乡建设厅、甘肃省市场监督管理局
592	DB62/T 3177-2020	水泥基复合夹芯墙板应用技术规程		2020-01-03	2019-04-01	J15103-2020	甘肃省住房和城乡建设厅、甘肃省市场监督管理局
593	DB62/T 3178-2020	保温装饰一体板技术标准		2020-01-03	2020-05-01	J15131-2020	甘肃省住房和城乡建设厅、甘肃省市场监督管理局

续表

序号	标准编号	标准名称	替代标准号	批准日期	施行日期	备案号	批准部门
594	DB62/T 3179-2020	城镇居住建筑太阳能利用设计评价标准		2020-01-03	2020-05-01	J15101-2020	甘肃省住房和城乡建设厅、甘肃省市场监督管理局
595	DB62/T 3180-2020	农村雨水集蓄利用工程技术标准		2020-03-05	2020-04-01	J15102-2020	甘肃省住房和城乡建设厅、甘肃省市场监督管理局
596	DB62/T 3182-2020	住宅设计标准		2020-03-11	2020-08-01	J15265-2020	甘肃省住房和城乡建设厅、甘肃省市场监督管理局
597	DB62/T 3183-2020	建筑物移动通信基础设施建设标准		2020-04-08	2020-05-20	J15174-2020	甘肃省住房和城乡建设厅、甘肃省市场监督管理局
598	DB62/T 3184-2020	既有居住建筑新增电梯技术导则		2020-04-29	2020-07-01	J15197-2020	甘肃省住房和城乡建设厅、甘肃省市场监督管理局
599	DB62/T 3185-2020	既有建筑绿色改造评价标准		2020-04-29	2020-07-01	J15198-2020	甘肃省住房和城乡建设厅、甘肃省市场监督管理局
600	DB62/T 3186-2020	民用建筑工程室内环境污染控制标准		2020-04-29	2020-07-01	J15199-2020	甘肃省住房和城乡建设厅、甘肃省市场监督管理局
601	DB62/T 3187-2020	建筑基坑工程监测技术标准		2020-04-29	2020-07-01	J15200-2020	甘肃省住房和城乡建设厅、甘肃省市场监督管理局
602	DB62/T 3188-2020	城市轨道交通既有结构安全保护技术标准		2020-08-10	2020-12-01	J15336-2020	甘肃省住房和城乡建设厅、甘肃省市场监督管理局
603	DB62/T 3189-2020	复合地基褥垫层技术规程		2020-08-10	2020-11-01	J15337-2020	甘肃省住房和城乡建设厅、甘肃省市场监督管理局
604	DB62/T 3190-2020	长螺旋钻孔压灌混凝土桩复合地基施工规程		2020-08-10	2020-11-01	J15338-2020	甘肃省住房和城乡建设厅、甘肃省市场监督管理局

续表

序号	标准编号	标准名称	替代标准号	批准日期	施行日期	备案号	批准部门
605	DB62/T 3191-2020	三岔双向旋扩灌注桩施工技术规程		2020-08-10	2020-12-01	J15339-2020	甘肃省住房和城乡建设厅、甘肃省市场监督管理局
606	DB62/T 3192-2020	再生骨料混凝土非承重预制构件及制品技术标准		2020-08-10	2020-11-01	J15340-2020	甘肃省住房和城乡建设厅、甘肃省市场监督管理局
607	DB62/T 3193-2020	装配整体式混凝土结构拆分标准		2020-12-29	2021-04-01	J15650-2021	甘肃省住房和城乡建设厅、甘肃省市场监督管理局
608	DB62/T 3194-2020	城市人行通道浅埋暗挖施工技术标准		2020-12-29	2021-04-01	J15651-2021	甘肃省住房和城乡建设厅、甘肃省市场监督管理局
609	DB62/T 3195-2020	建筑工程施工现场安全资料管理标准		2020-12-29	2021-04-01	J15652-2021	甘肃省住房和城乡建设厅、甘肃省市场监督管理局
610	DB62/T 3196-2020	滑坡工程防治技术规程		2020-12-29	2021-05-01	J15653-2021	甘肃省住房和城乡建设厅、甘肃省市场监督管理局
611	DB62/T 3197-2020	热处理带肋高强钢筋混凝土结构技术规程		2020-12-29	2021-04-01	J15654-2021	甘肃省住房和城乡建设厅、甘肃省市场监督管理局
612	DB63/T 1110-2020	青海省绿色建筑评价标准	DB63/T 1110-2015	2020-12-18	2021-04-01	J12130-2021	青海省住房和城乡建设厅、青海省市场监督管理局
613	DB63/T 1626-2020	青海省居住建筑节能设计标准—75%节能	DB63/T 1626-2018	2020-12-18	2021-04-01	J14265-2021	青海省住房和城乡建设厅、青海省市场监督管理局
614	DB63/T 1768-2019	青海省多层民用建筑电梯设置标准		2020-01-06	2020-03-02	J15163-2020	青海省住建厅、省市场监督管理局
615	DB63/T 1769-2019	青海省绿色建筑施工质量验收规范		2020-01-06	2020-03-02	J15164-2020	青海省住建厅、省市场监督管理局

续表

序号	标准编号	标准名称	替代标准号	批准日期	施行日期	备案号	批准部门
616	DB63/T 1799－2020	青海省装配式混凝土结构预制构件制作和验收规程		2020－06－11	2020－08－01	J15222－2020	青海省住房和城乡建设厅、青海省市场监督管理局
617	DB63/T 1840－2020	青海省城市生活垃圾分类标准		2020－10－28	2021－02－01	J15494－2021	青海省住房和城乡建设厅、青海省市场监督管理局
618	DB63/T 1841－2020	青海省农牧民住房抗震技术规程		2020－10－28	2021－02－01	J15495－2021	青海省住房和城乡建设厅、青海省市场监督管理局
619	DB63/T 1842－2020	青海省湿陷性黄土地区透水铺装施工技术规程		2020－10－28	2021－02－01	J15496－2021	青海省住房和城乡建设厅、青海省市场监督管理局
620	DB63/T 1843－2020	青海省湿陷性黄土地区排水构筑物施工技术规程		2020－10－28	2021－02－01	J15497－2021	青海省住房和城乡建设厅、青海省市场监督管理局
621	DB63/T 1844－2020	青海省波纹钢综合管廊设计规范		2020－10－28	2021－02－01	J15498－2021	青海省住房和城乡建设厅、青海省市场监督管理局
622	DB63/T 1845－2020	青海省波纹钢综合管廊施工技术规范		2020－10－28	2021－02－01	J15499－2021	青海省住房和城乡建设厅、青海省市场监督管理局
623	DB63/T 1846－2020	青海省波纹钢综合管廊施工质量验收规范		2020－10－28	2021－02－01	J15500－2021	青海省住房和城乡建设厅、青海省市场监督管理局
624	DB63/T 1884－2020	青海省住宅全装修设计标准		2020－12－19	2021－04－02	J15501－2021	青海省住房和城乡建设厅、青海省市场监督管理局
625	DB63/T 1885－2020	青海省城镇老旧小区综合改造技术规程		2020－12－18	2021－04－01	J15502－2021	青海省住房和城乡建设厅、青海省市场监督管理局
626	DB64/T 1073－2020	混凝土结构成型钢筋加工配送技术标准		2020－05－18	2020－08－18	J15206－2020	宁夏回族自治区住房和城乡建设厅、宁夏回族自治区市场监督管理厅

续表

序号	标准编号	标准名称	替代标准号	批准日期	施行日期	备案号	批准部门
627	DB64/T 1539－2020	复合保温板结构一体化系统应用技术规程	DB64/T 1539－2018	2020－05－18	2020－08－18	J14161－2020	宁夏回族自治区住房和城乡建设厅、宁夏回族自治区市场监督管理厅
628	DB64/T 1684－2020	智慧工地建设技术标准		2020－02－28	2020－05－28	J15040－2020	宁夏回族自治区住房和城乡建设厅、宁夏回族自治区市场监督管理厅
629	DB64/T 1685－2020	建设工程检测报告编制导则		2020－02－28	2020－05－28	J15060－2020	宁夏回族自治区住房和城乡建设厅、宁夏回族自治区市场监督管理厅
630	DB64/T 1702－2020	湿陷性黄土地区低矮居住建筑地基处理技术规程		2020－05－18	2020－08－18	J15205－2020	宁夏回族自治区住房和城乡建设厅、宁夏回族自治区市场监督管理厅
631	DB64/T 1744－2020	居住区室外工程建设标准		2020－07－28	2020－10－27	J15362－2020	宁夏回族自治区住房和城乡建设厅
632	DB64/T 1745－2020	挤土扩底混凝土灌注桩技术标准		2020－07－28	2020－10－27	J15363－2020	宁夏回族自治区住房和城乡建设厅
633	DB64/T 1746－2020	高延性混凝土加固技术规程		2020－07－28	2020－10－27	J15364－2020	宁夏回族自治区住房和城乡建设厅
634	DB64/T 1765－2020	既有房屋建筑修缮施工标准		2020－12－30	2021－03－30	J15543－2021	宁夏回族自治区住房和城乡建设厅
635	XJJ 041－2020	建筑用塑料外窗应用技术标准	XJJ 041－2011	2020－10－20	2020－12－01	J11805－2020	新疆维吾尔自治区住房和城乡建设厅
636	XJJ 044－2020	建设工程施工安全生产管理监理工作规程	XJJ 044－2010	2020－01－06	2020－02－01	J11635－2020	新疆维吾尔自治区住房和城乡建设厅

续表

序号	标准编号	标准名称	替代标准号	批准日期	施行日期	备案号	批准部门
637	XJJ 070－2020	城市设计技术规程	XJJ 070－2015	2020－07－07	2020－09－01	J13168－2020	新疆维吾尔自治区住房和城乡建设厅
638	XJJ 118－2020	住房公积金监管基础数据标准		2020－03－19	2020－05－01	J15127－2020	新疆维吾尔自治区住房和城乡建设厅
639	XJJ 119－2020	建筑工程施工现场扬尘污染防治标准		2020－03－19	2020－05－01	J15128－2020	新疆维吾尔自治区住房和城乡建设厅
640	XJJ 120－2020	农村村容村貌整治技术导则		2020－04－20	2020－05－01	J15158－2020	新疆维吾尔自治区住房和城乡建设厅
641	XJJ 121－2020	轻型钢结构住宅技术规程		2020－07－10	2020－08－01	J15531－2020	新疆维吾尔自治区住房和城乡建设厅
642	XJJ 122－2020	建筑物通信基础设施建设标准		2020－06－03	2020－07－01	J15186－2020	新疆维吾尔自治区住房和城乡建设厅、新疆维吾尔自治区通信管理局
643	XJJ 123－2020	组合铝合金模板应用技术标准		2020－07－16	2020－09－01	J15333－2020	新疆维吾尔自治区住房和城乡建设厅
644	XJJ 124－2020	15分钟城市居民活动圈建设技术标准		2020－08－28	2020－09－01	J15332－2020	新疆维吾尔自治区住房和城乡建设厅
645	XJJ 125－2020	地下工程补偿收缩混凝土防腐阻锈防水抗裂技术标准		2020－10－15	2020－12－01	J15384－2020	新疆维吾尔自治区住房和城乡建设厅
646	XJJ 126－2020	绿色建筑评价标准		2020－11－10	2021－01－01	J15411－2020	新疆维吾尔自治区住房和城乡建设厅
647	XJJ 127－2020	蒸发冷却空调系统工程技术标准		2020－11－10	2021－01－01	J15412－2020	新疆维吾尔自治区住房和城乡建设厅
648	XJJ 129－2020	住宅工程质量通病控制标准		2020－12－12	2021－02－01	J15490－2021	新疆维吾尔自治区住房和城乡建设厅